⑥ 水上安全

游泳大王和安全大王的水上游戏

（韩）金政新 / 文 | （韩）崔永镇 / 绘 | 全贞燕 / 译

南方出版社 · 海口

This book is published with the support of Publication Industry Promotion Agency of Korea(KPIPA).

版权合同登记号：图字 30-2017-173

图书在版编目（CIP）数据

写给孩子的安全童话 .水上安全 ：游泳大王和安全大王的水上游戏 /（韩）卢智暎等著；（韩）权敏书等绘；全贞燕译. —海口：南方出版社，2019.1
ISBN 978-7-5501-4957-1

Ⅰ. ①写… Ⅱ. ①卢… ②权… ③全… Ⅲ. ①安全教育-儿童读物 Ⅳ. ①X956-49

中国版本图书馆CIP数据核字(2018)第236857号

写给孩子的安全童话 ⑥ 水上安全-游泳大王和安全大王的水上游戏

[韩] 金政新 / 文 [韩]崔永镇/绘　全贞燕/译

总 策 划：天下文化
责任编辑：师建华 孙宇婷
责任校对：王田芳
版式设计：卢馨
出版发行：南方出版社
地　　址：海南省海口市和平大道70号
电　　话：(0898)66160822
传　　真：(0898)66160830
经　　销：全国新华书店
印　　刷：北京博海升彩色印刷有限公司
开　　本：889×1194　1/16
字　　数：300千字
印　　张：24
版　　次：2019年1月第1版 2019年1月第1次印刷
书　　号：ISBN 978-7-5501-4957-1
定　　价：168.00元（全12册）

新浪官方微博：http://weibo.com/digitaltimes

泰宇和俊秀是好朋友，也是完全不同的两个人。

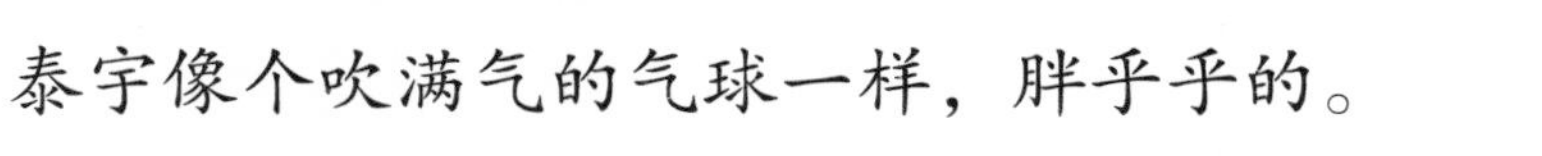

泰宇像个吹满气的气球一样，胖乎乎的。

他圆鼓鼓的身体一跑起来，就碰得沙发东倒西歪，连花瓶也被打翻在地！

他还可以像气球一样飘飘忽忽地浮在水面上。

俊秀就像干巴瘦的鳀鱼一样。

他走路又轻又慢，有时候还能发现掉在地上的扣子。

今天是幼儿园去游泳馆的日子。

泰宇穿好泳裤，就嗒嗒嗒地跑过去，一头跳进了水里。

俊秀穿好泳裤，慢慢地走了出来。

一、二、三、四，他还做了热身运动。

“哎呀！我们俊秀能自觉地做热身运动，真棒啊！”

老师摸了摸俊秀的头。

泰宇在水里看到这一幕，自言自语道：

“哼，俊秀那是害怕，不敢下水……”

“胆小鬼李俊秀，快下水啊！”

泰宇在水中大喊道。

俊秀戴着游泳圈下了水。

泰宇神气十足地远远游开了。

“嘿嘿！跟我来啊！”

“泰宇，别游那么远！老师让我们就在这附近玩儿。”

“啊？泰宇！老师，
泰宇好像有点奇怪！”

“阿噗，阿噗，阿噗噗！”

老师把用力挣扎的泰宇带了出来。

“泰宇，你没事吧？”

老师的脸吓得惨白。

“泰宇，下水之前一定要做热身运动，知道了吗？要不是有俊秀，你差点就出大事了。俊秀真会照顾朋友啊。”

老师又表扬了俊秀，泰宇很生气。

“我一点儿也不感谢你！”
泰宇觉得俊秀很讨厌。
“泰宇，你用这个游泳圈吧！”
俊秀把自己的游泳圈递给了泰宇。
“别逗了！我游得那么好，才不用游泳圈呢！”
泰宇推开游泳圈，直接下了水。

泰宇把头探出水面，故意挖苦俊秀："嘿嘿！这个你做不了吧？"

休息时间。

泰宇一把抢过俊秀手里的大号棒棒糖，转身跑向了游泳池。

扑通！泰宇想在水里吃棒棒糖。

俊秀大声呼喊，呼叫声响彻了整个游泳馆。

不行！

朋友们都围了过来，老师也跑了过来。
“俊秀呀，你怎么了？受伤了吗？”
泰宇悄悄地走出了游泳池。
俊秀看到泰宇，轻轻笑道：
“没事，我没事。”

俊秀对坐在身边的泰宇说：

“在水里吃糖可能会导致窒息，很危险的。在这儿吃完，你再下水吧。”

泰宇默默地望着俊秀。

哇！

今天是泰宇和俊秀两家人约好一起去海边的日子。

泰宇很开心，坐在车里砰砰砰地用力跺脚。

扑通扑通，咚咚！咚咚！

俊秀的心也怦怦地跳了起来。

"哇！这儿比游泳馆大了一百倍！"

泰宇拉着俊秀的手跑向海边。

一、二、三、四！

谁也没有开口，泰宇就主动做起了热身运动。

接下来他用水沾湿了脚、腿、脸和胸部。
俊秀也跟着一起做。

“现在去海里吧！”
听到泰宇这么说，俊秀摇了摇头。

俊秀默默地望着平静的大海。

“你看——”

俊秀想起了爸爸以前在海边说过的话。

“有的地方水看上去很浅，但其实很深。所以呀，玩的时候，我们戴上游泳圈或者穿上救生衣才安全。”

“在游泳馆那么对你，真对不起。以后我不会再说你慢腾腾，是胆小鬼了。”

泰宇对俊秀说道。

“好啊。玩水虽然好玩儿，但是隔一段时间，也要休息一下。”

俊秀笑道。

“从现在开始，你就是安全大王了。”

听到泰宇这么说，俊秀问道：

“那你呢？”

“我当然是游泳大王了。”

enjoy

“孩子们，在这么晒的地方久留会晒伤的！”

俊秀爸爸搭好了遮阳伞。

“安全大王怎么连这个都不懂？来，抹点可以防紫外线的防晒霜吧。”

泰宇玩起了沙子。

“哈哈哈，看来爸爸才是安全大王呀。”

俊秀微笑着挠了挠头。

“从今以后我再也不怕玩水了，有泰宇在，一点儿都不用怕。”

俊秀笑着大声说道。

“嘿嘿！玩水很有趣，跟俊秀一起玩儿更有趣！”

泰宇握住俊秀的手，也大声说道。

两个小朋友的笑声在海边响起。

与父母一起阅读

夏季去海边或溪谷避暑的时候，如果不遵守安全守则，很容易发生事故。安全玩水都需要遵守哪些规则呢?

游泳馆或水上乐园安全守则

① 规定玩水时间。

② 做热身运动。

③ 佩戴游泳圈或救生衣等水上安全用品。救生衣要合身。

④ 遵守休息时间。在水上 40 分钟，最好休息 20 分钟。如果长时间在水中，会导致体温下降，易患感冒。

⑤ 游泳馆地面湿滑，不要乱跑，万一滑倒很危险。

海边或溪谷安全守则

① 提前确认天气情况。

② 下水前要做热身运动。

③ 游玩的时候，距离沙滩不要太远，以免被海浪冲走。

④ 小心碎玻璃或贝壳。沙滩里有时散落着碎玻璃或贝壳，所以在沙滩行走时要穿鞋，还要注意脚下。

玩水安全守则

① 下水前按照手、脚、腿、脸、胸部的顺序用水沾湿，再慢慢下水。

② 只在确定水深的地方玩。

③ 一旦腿抽筋，马上出来。

④ 发生下面的情况要停止玩耍：

- 身体发抖或嘴唇发紫；
- 面部有拉紧的感觉；
- 起鸡皮疙瘩。

⑤ 遇到危险时，尽可能高举手臂，挥手请求帮助。

紧急状况急救方法

① 手指或脚趾出现抽搐现象

→轻轻揉搓或揉捏手脚。

② 身体发抖，脸色变苍白

→停止游泳，用衣服或浴巾裹住身体，喝热水。

③ 落水

→做人工呼吸，一直吹气，直到胸口凸起时，吐出空气。

→让落水者平躺，再把头侧过来，使落水者张开嘴吐出呕吐物后，再扶正他的头部。

消防报警电话 119（要要救）

报警电话号码 110

交通事故报警服务电话 122

急救电话号码 120

水上遇险紧急报警电话 12395（要岸上救我）

妇女维权公益服务热线 12338

电梯应急平台 96333

写给孩子的
安全童话

⑦ 用电安全

电妖怪来了

（韩）吴秀妍 / 文 | （韩）申荣恩 / 绘 | 全贞燕 / 译

南方出版社 · 海口

This book is published with the support of Publication Industry Promotion Agency of Korea(KPIPA).

版权合同登记号：图字 30-2017-173

图书在版编目（CIP）数据

写给孩子的安全童话 . 用电安全 ：电妖怪来了 / (韩) 卢智暎等著；(韩) 权敏书等绘；全贞燕译. —海口：南方出版社，2019.1
ISBN 978-7-5501-4957-1

Ⅰ. ①写… Ⅱ. ①卢… ②权… ③全… Ⅲ. ①安全教育-儿童读物 Ⅳ. ①X956-49

中国版本图书馆CIP数据核字(2018)第236787号

写给孩子的安全童话 ⑦ 用电安全-电妖怪来了
[韩] 吴秀妍 / 文 [韩]申荣恩/绘 全贞燕/译

总 策 划：天下文化
责任编辑：师建华 孙宇婷
责任校对：王田芳
版式设计：卢馨
出版发行：南方出版社
地 址：海南省海口市和平大道70号
电 话：(0898) 66160822
传 真：(0898) 66160830
经 销：全国新华书店
印 刷：北京博海升彩色印刷有限公司
开 本：889×1194 1/16
字 数：300千字
印 张：24
版 次：2019年1月第1版 2019年1月第1次印刷
书 号：ISBN 978-7-5501-4957-1
定 价：168.00元（全12册）

新浪官方微博：http://weibo.com/digitaltimes

爸爸打开房门看了一眼。
“老婆，双胞胎睡着了，我们去约个会吧。”
“哈哈，要马上回来哦。”
爸爸和妈妈手挽着手出了门。
因为今天是平安夜。

听到关门的声音，刚才还在装睡的娜娜和美美立刻跳了起来。

“哈哈！娜娜姐姐，我们开始玩儿吧！”

“好啊，我们玩个痛快吧！”

娜娜和美美跑到了客厅。

她们一边播放着圣诞歌，一边跳起舞来。

“我们烤面包吧。”

娜娜把面包放进烤面包机里。

可是烤好的面包却没有弹出来。

娜娜把筷子放进烤面包机里胡乱搅动着。

“哎哟！”

娜娜扔掉手里的筷子，瘫坐在地。

因为她的身体被电了一下。

美美吓了一跳，手里拿着的果酱洒了一地。

娜娜和美美的头上沾满了果酱。

“哎呀，太黏了！我们去洗头吧。”

姐妹俩冲进了卫生间。

两人轮流用喷头给对方洗了头发。

“娜娜姐姐，我给你吹吹头发吧。”

美美打开了吹风机。

“哎哟！”

美美一把扔掉了手里的吹风机。

她的身体也被电了一下。

两个人跑到了客厅。

“奇怪，家里好像有电妖怪。”

“烤面包的时候被电……”

“吹头发的时候又被电。”

娜娜和美美全身发抖。

因为害怕，她俩把家里的灯全都打开了。

电视、音响、电脑全都打开了。

按摩椅、电暖气也都打开了。

刺啦刺啦！啪！

突然冒出了火花！

所有的电器一下子全都关掉了！
而且，家里所有的灯也都灭了。
“哎呀，是电妖怪！”
娜娜和美美冲到门外。

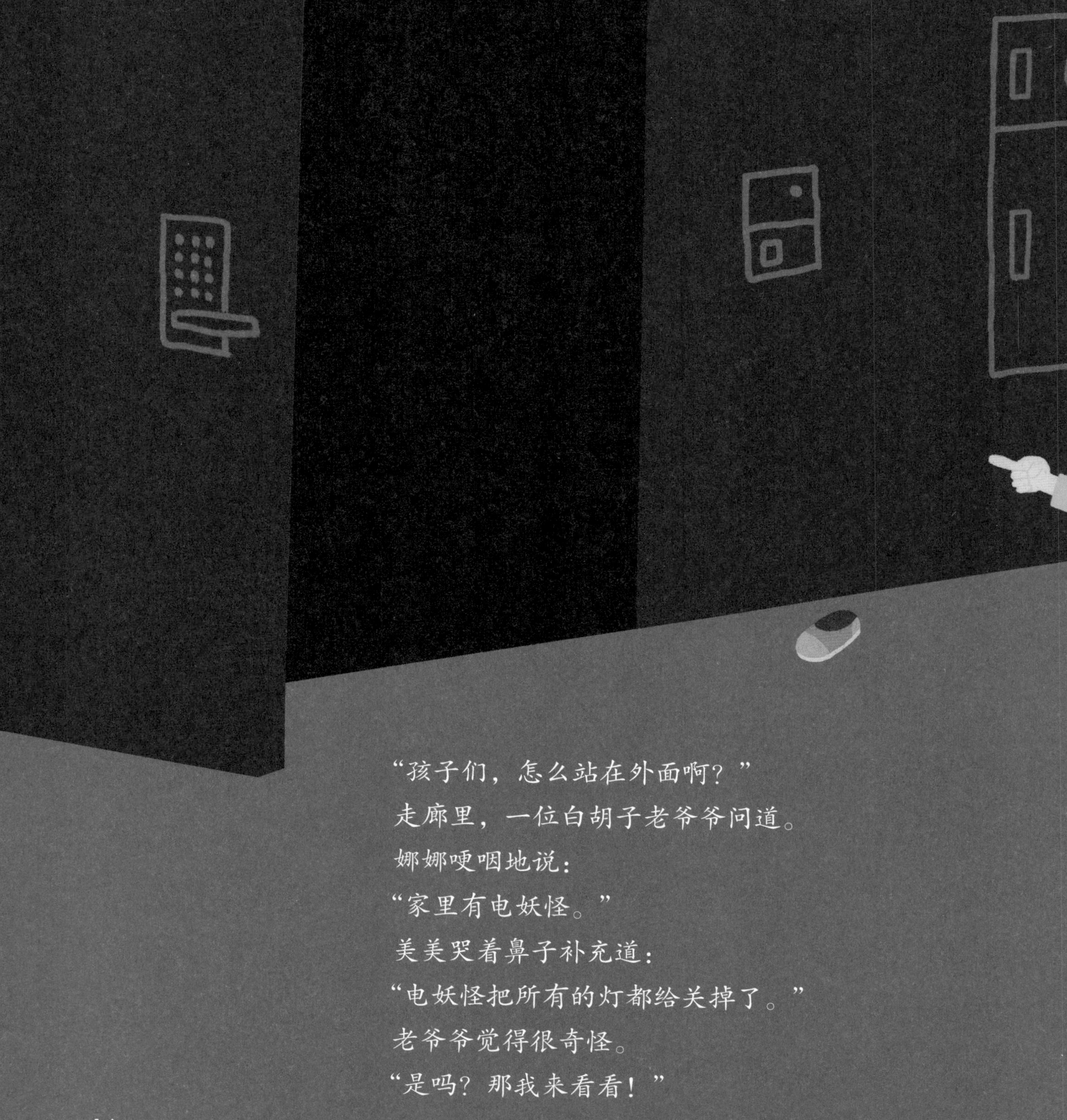

“孩子们，怎么站在外面啊？”

走廊里，一位白胡子老爷爷问道。

娜娜哽咽地说：

“家里有电妖怪。”

美美哭着鼻子补充道：

“电妖怪把所有的灯都给关掉了。”

老爷爷觉得很奇怪。

“是吗？那我来看看！”

DVD

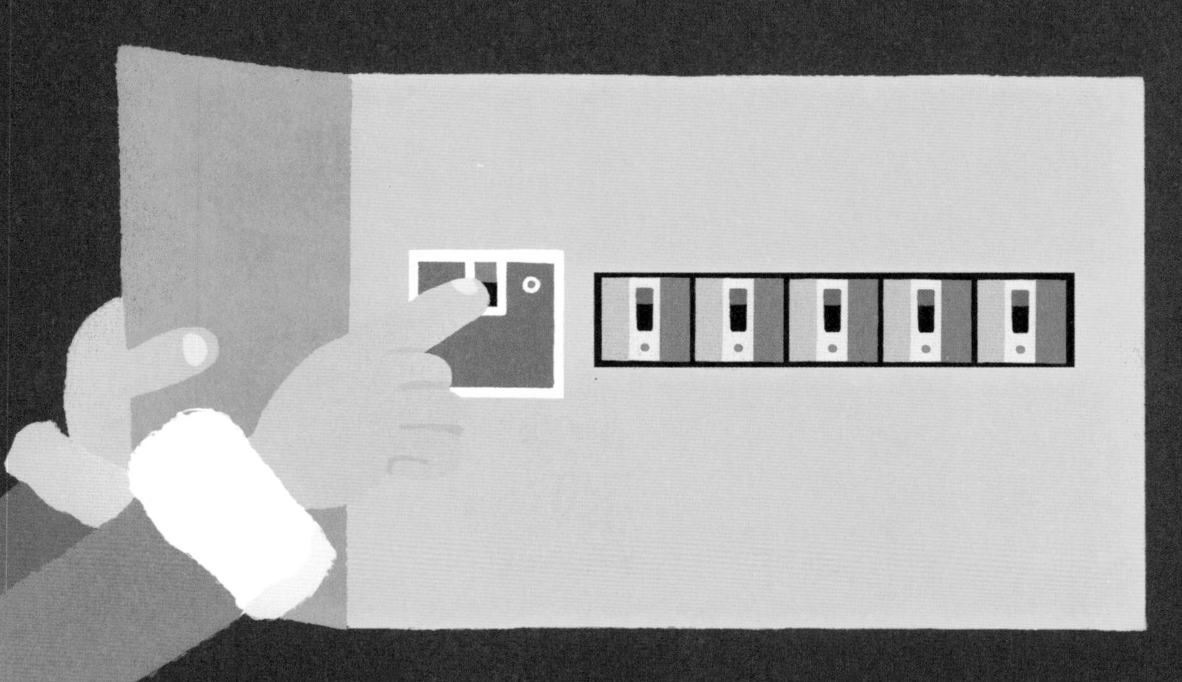

老爷爷走进姐妹俩的家里，在墙上找到了漏电断电器。

“哎呀，原来是漏电断电器被关掉了，打开电闸就能来电了。”

把漏电断电器的电闸放到开的位置，家里重新亮了起来。

“哇！”姐妹俩大声欢呼起来。

漏电断电器

主要是用来在设备发生漏电故障时防止人身触电的装置。家家户户都有漏电断电器，电闸拉下来，就会切断供电；电闸推上去，就可以恢复用电。通常称漏电断电器为“漏电开关”。

娜娜一脸担忧地说：

“那个电插板冒出火花了，那儿有电妖怪。”

老爷爷从电插板上拔出了插头。

“电用起来很方便，但是使用不当，就会变成电妖怪。电插板上插上很多插头，就会出现电妖怪。一个电插板插上多个电器插头是很危险的，不但会冒出火花，甚至会引发火灾。”

电插板和插头

电插板是插上插头就能通电的装置。有的电插板可以同时插上多个插头。电源线尾部插头的作用是连接电源，接受供电。

“吹头发的时候，电妖怪也会出现，这是为什么呢？”美美问道。

老爷爷说：“用湿手摸吹风机了吧？电这种东西可是很喜欢水的，所以一旦遇到水，它就会变成电妖怪。电和水遇到一起，会引发大事故，触摸电器之前一定要记得擦干手哦。”

老爷爷打开吹风机，给姐妹俩仔仔细细地吹干了头发。

“烤面包的时候也出现了电妖怪……”

听到娜娜这么说，老爷爷问道：

“是不是用筷子捅烤面包机了啊？”

“您怎么知道的？”

“差点出大事了啊！电妖怪也特别喜欢铁，把筷子放进烤面包机乱捅，很容易触电，千万不能这么做了啊。”

老爷爷从口袋里拿出一个礼物。

“我要送你们一个特别的礼物——新的烤面包机。”

触电

触电是因为体内电流通过而受伤或受到冲击。

体内通过的电流较少时只会出现身体发麻的感觉，但是触电严重时会感到非常痛苦甚至会触电死亡。

姐妹俩在家里举办了一个小型派对。

叮叮当，叮叮当，铃儿响叮当——

听着欢快的圣诞歌，娜娜和美美吃了很多热乎乎的烤面包。

姐妹俩吃得饱饱的，打起了哈欠。

老爷爷让姐妹俩躺在床上。

娜娜和美美很快就睡着了。

老爷爷来到屋外。

咻！吹了一声口哨，鲁道夫雪橇应声飞来。

“圣诞老爷爷，要回去吗？”

“是啊，哈哈！圣诞快乐！”

圣诞老爷爷坐着雪橇远远地飞走了。

与父母一起阅读

安全用电让我们的生活很方便，但是使用不当会引发触电事故。

触电是电流通过身体一部分或整个身体的现象。轻微触电只会产生发麻的感觉，但严重的触电甚至会导致死亡。

该如何安全使用电器？

厨房用电安全

• 电遇到水会引发触电事故。在厨房使用电器时，要注意防止电器进水。

• 烤面包机无法正常工作时，不能把筷子放进烤面包机里乱捅，因为有可能会通过筷子发生触电现象。

• 不要把筷子或叉子等物品放进插头，有可能引发触电。

• 湿手触摸电插板会引发触电。

卫生间用电安全

• 跟厨房一样，卫生间用水也很多，需要注意防止电器进水。

• 使用吹风机前要擦干手，湿手会引发触电。

• 插头插上电插板后，如果不小心把吹风机掉进浴缸，电遇到水会引发触电事故，因此要小心使用吹风机。

户外用电安全

• 不能攀爬电线杆。电线杆连接着电线和通信线路，很容易引发触电事故。

• 不要随意乱摸掉在地上的电线，有可能会因为电线漏电而触电。

• 不要靠近标有“高压”或“危险”字样的地方。这种高电流的地方很容易引发触电事故。

如何应对触电？

打开电脑、手机充电、输入密码开门锁、开灯照亮屋子等，都是用电来实现的事情。我们经常用电，因此随时都有可能发生触电事故，了解一下触电急救方法吧。

1. 关闭电源

关闭电源或利用干毛巾、衣服、橡胶手套等绝缘物品让触电人员离开电源。

2. 拨打 120 急救电话

拍打触电者的两侧肩膀，确认触电者的神志是否清醒。

如果触电者无反应，请求周围人员拨打 120，并立即实施心肺复苏术。

3. 实施心肺复苏

如果有人因触电事故而不能呼吸，需要马上进行心肺复苏。

一分钟之内进行心肺复苏，在 100 人之中可救活 95 人。实施心肺复苏越早越好。

1. 使触电人员平躺在坚硬的地板上。
2. 双手交叉握紧，手掌抵住触电者两侧乳头的中间部位。
3. 伸直手臂，利用体重按压触电者胸口。节奏要强要快，实施 30 次心肺复苏。
4. 使触电者呈头部后仰的姿势，打开气道。捏住触电者鼻子吹气，进行两次人工呼吸。吹气要达到触电者胸口略有浮起的程度。
5. 在 120 急救队员到达之前，反复进行心肺复苏和人工呼吸。

4. 保持平稳姿势，平复心态

有呼吸但意识模糊的触电者，在 120 急救队员来到之前，应保持侧卧姿势，抬起下颌，方便呼吸。

消防报警电话 119（要要救）
报警电话号码 110
交通事故报警服务电话 122
急救电话号码 120
水上遇险紧急报警电话 12395（要岸上救我）
妇女维权公益服务热线 12338
电梯应急平台 96333

写给孩子的安全童话

⑧ 用火安全

好烫的生日聚会

（韩）尹熙静 / 文 | （韩）张明熙 / 绘 | 全贞燕 / 译

南方出版社 · 海口

This book is published with the support of Publication Industry Promotion Agency of Korea(KPIPA).

版权合同登记号：图字 30-2017-173

图书在版编目（CIP）数据

写给孩子的安全童话 . 用火安全 ：好烫的生日聚会 /（韩）卢智暎等著；（韩）权敏书等绘；全贞燕译. —海口：南方出版社，2019.1
ISBN 978-7-5501-4957-1

Ⅰ. ①写… Ⅱ. ①卢… ②权… ③全… Ⅲ. ①安全教育－儿童读物 Ⅳ. ①X956-49

中国版本图书馆CIP数据核字(2018)第236853号

写给孩子的安全童话 ⑧ 用火安全-好烫的生日聚会
[韩] 尹熙静 / 文 [韩]张明熙/绘 全贞燕/译

总 策 划：天下文化
责任编辑：师建华 孙宇婷
责任校对：王田芳
版式设计：卢馨
出版发行：南方出版社
地 址：海南省海口市和平大道70号
电 话：(0898)66160822
传 真：(0898)66160830
经 销：全国新华书店
印 刷：北京博海升彩色印刷有限公司
开 本：889×1194 1/16
字 数：300千字
印 张：24
版 次：2019年1月第1版 2019年1月第1次印刷
书 号：ISBN 978-7-5501-4957-1
定 价：168.00元(全12册)

新浪官方微博：http://weibo.com/digitaltimes

“贪睡大王”山山动不动就睡懒觉。

但是今天刚刚睁眼，他就马上起床了。

因为今天是他的六岁生日！

山山噗噗地洗了脸，把头发梳得漂漂亮亮的，又戴上了喜欢的红色领结。

今天他要请朋友们过来参加生日派对。

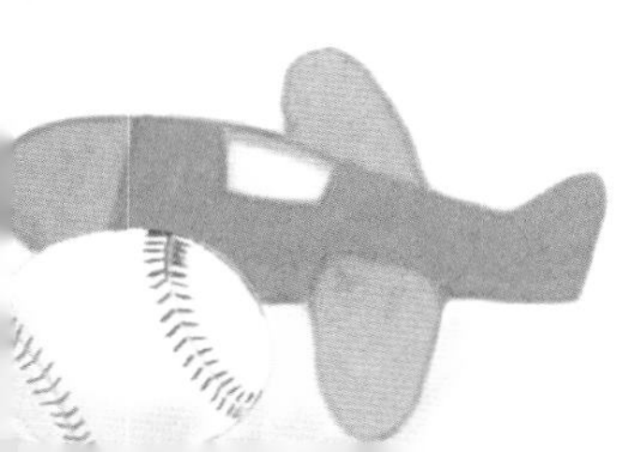

山庄
牛奶
白糖
面粉

山山有个很好的计划，那就是跟妈妈一起做美味的曲奇饼。

把曲奇饼做成朋友的肖像、小狗、圣诞树等有趣的形状，他想给朋友们一个大大的惊喜。

山山尤其是想在海松面前好好表现。

嘘！这是个秘密。

山山特别特别喜欢海松。

“来，开始做山山牌曲奇饼好吗？”
山山在妈妈身边帮忙和面。
“我也要做，我来，我来！啊，好烫啊！”
哎呀，天啊！山山和面的时候差点烫伤手。
原来他不小心碰到了熔化黄油的锅。
“妈妈说过什么了？做饭的时候一定要小心再小心！”

在一大盆面粉里加一点儿黄油、一点儿白糖、一点儿食盐，山山哼着歌和着面。

不知不觉间，面糊已经变软了。

山山动手捏出了曲奇饼的形状。

漂亮海松的样子做好了！

可爱奇灿的样子做好了！

山山怀着激动的心情把曲奇饼放进了烤箱里。

海松和朋友们带着礼物来到山山家。
大家围坐在生日蛋糕周围。
妈妈在生日蜡烛上点了火，山山也跟着做。
“我也要点，我来，我来！啊，好烫啊！”
哎呀，天啊！山山点蜡烛的时候差点烫到手。
“妈妈说过什么了？用火的时候一定要小心再小心！”

Happy
Birthday!

“好了，大家尽情吃吧！我去给你们拿热牛奶。”
妈妈从厨房里端来一个托盘的时候喊道。
山山想在海松面前好好表现，走了过来。
“我来拿，我来，我来！啊，好烫啊！”
哎呀，天啊！山山居然把热牛奶全洒在脚上了。
“妈妈说过什么了？拿热的东西一定要小心再小心！”

牛奶
牧场
开心面粉
面粉
白糖

哐

山山想放声大哭。

“在海松面前总是做错……”

这时，海松亲切地问道：“山山，你没事吧？”

山山故意蹦来蹦去地大闹起来。

“没事，没事，嘿嘿——啊，好烫啊！”

哎呀，天啊！山山不小心撞到了放在角落的电暖气。

“妈妈说过什么了？对电器一定要小心再小心！”

ECHO

山山又被数落了。

就在这时，“叮”的一声，电烤箱响起了提示音。

山山欢笑着大叫道：

“哇，我做的曲奇饼好了！”

终于可以在海松面前好好地表现一下了！

山山很心急，抢先妈妈一步跑了过去。

“我来，我来，我来！啊，好烫啊！”

哎呀，天啊！山山从烤箱里拿曲奇饼的时候烫伤了手。

原来山山连手套都没有戴，就伸手去拿曲奇饼了。

妈妈立刻打开自来水给山山冲洗烫伤的手。
地上到处都是摔碎的曲奇饼。
“山山，没事吧？”
海松和朋友们来到山山身边。
“呜呜！”
山山伤心地哭了起来。
因为山山觉得生日派对全毁了。

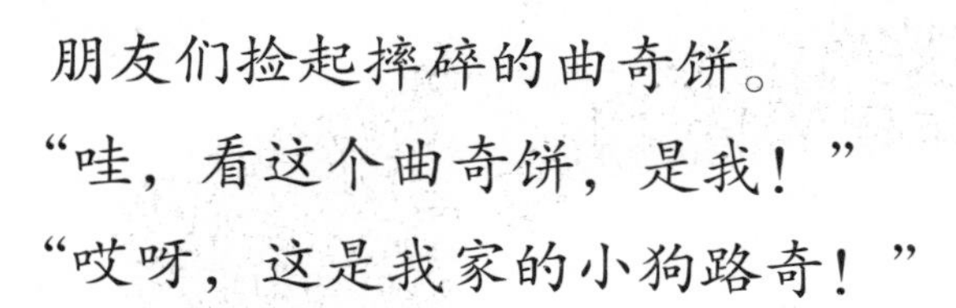

朋友们捡起摔碎的曲奇饼。

“哇，看这个曲奇饼，是我！”

“哎呀，这是我家的小狗路奇！”

“山山，这真的是你做的吗？”

海松和朋友们都说“山山最棒！”，并竖起了大拇指。

看到朋友们津津有味地吃着曲奇饼，山山的心情也好多了。

妈妈给山山的手抹了烧烫伤软膏。

“孩子们，身边有热烫东西的时候，一定要小心，像我们家山山这么莽撞可不行，知道了吧？”

“知道了！”

小朋友们都咯咯地笑了起来。

只有山山噘了噘嘴。

生日派对重新开始了。

“山山，你的手受伤了，我给你拿。”

海松拿起曲奇饼，放到了山山的嘴里。

山山开心地脸红了起来。

“山山，我来，我来！”

朋友们轮流给山山喂曲奇饼。

这个生日派对虽然手被烫得通红，但是山山心里暖暖的。

与父母一起阅读

远离日常生活烧烫伤！

我们周围有很多高温危险，一定要多加小心，不然一不小心就会被烧烫伤。

小心电饭锅

用电饭锅或者压力锅做饭，米饭快熟的时候会冒出水蒸气来。很多儿童对水蒸气好奇，会把脸凑上去，或者把手指放进水蒸气排放孔里。这种行为是很危险的，很有可能被滚水蒸气烫伤。

在饭店小心热汤

到饭店吃饭的时候，有时会遇到热汤或滚烫食物。打闹的时候会撞上端菜的服务员，饭店里经常会出现由这种小失误引发的烫伤事故。在人多的地方，一定要小心，谨慎行动。

燃气周围要当心

尤其要小心燃气。燃气周围放易燃物品很危险，一不留神就会引发火灾。装有热东西的锅具，手柄要朝里放。走过的时候，万一不小心碰到手柄，撞翻锅具，那就糟糕了。

不能玩火

不能玩易燃物品，火柴、打火机、蜡烛、爆竹等物品很容易引发火灾，一定要小心这些物品。如果衣服突然着火了，千万不能用乱蹦乱跳的方法来试图灭火，而是要躺在地上翻滚，这样就可以灭火了。

烧烫伤急救处理方法

1. 流动水冲洗伤口

不要刺激烧伤部位。要打开水龙头，用流动的凉水冲洗伤口 15 分钟以上。如果伤口难以用流动水冲洗，则要采取冰敷的方法。冰块直接触碰伤口会使伤情恶化，所以需要用手绢包住冰块，然后再进行冰敷。

2. 涂抹烧烫伤软膏

充分冲洗伤口后，伤口处若仍然红肿发痒，则要涂抹烧烫伤软膏，伤口处放上纱布后用绷带缠好。烧烫伤情况严重的，要用干净的布块或绷带缠上伤口后，立刻赶往医院救治。如果烧烫伤口直接暴露在空气中，有可能会感染细菌。

3. 不要硬扯硬拉衣物

穿着衣服或袜子的时候被烧烫伤时，不能硬扯硬拉衣物，因为这样很容易撕破皮肤。这种情况要穿着衣物进行冲洗。产生水疱时，千万不能刺破水疱。如果水疱已经破裂，不要擅自处理，应该立即赶往医院就诊。

4. 不要抓挠伤口

接受烧烫伤治疗后，如果处理不当，会引发二次感染。即使伤口处结痂感觉痒，也千万不要触碰。一旦发生二次感染，康复时间会更长，肤色也会变黑。

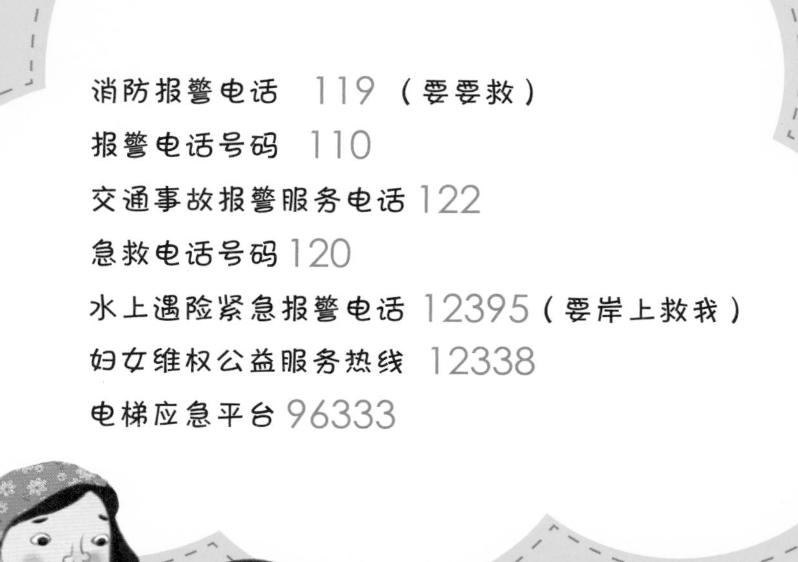

消防报警电话　119（要要救）

报警电话号码　110

交通事故报警服务电话 122

急救电话号码 120

水上遇险紧急报警电话 12395（要岸上救我）

妇女维权公益服务热线　12338

电梯应急平台 96333

写给孩子的安全童话

9 自然灾害

风魔女的捣蛋游戏

（韩）朴贤镇 / 文 | （韩）张光熙 / 绘 | 全贞燕 / 译

南方出版社 · 海口

This book is published with the support of Publication Industry Promotion Agency of Korea(KPIPA).

版权合同登记号：图字 30-2017-173

图书在版编目（CIP）数据

写给孩子的安全童话．自然灾害：风魔女的捣蛋游戏 /（韩）卢智暎等著；（韩）权敏书等绘；全贞燕译．—海口：南方出版社，2019.1

ISBN 978-7-5501-4957-1

Ⅰ．①写… Ⅱ．①卢… ②权… ③全… Ⅲ．①安全教育－儿童读物 Ⅳ．①X956-49

中国版本图书馆CIP数据核字(2018)第236855号

写给孩子的安全童话 ⑨ 自然灾害-风魔女的捣蛋游戏

[韩] 朴贤镇 / 文 [韩]张光熙/绘 全贞燕/译

总 策 划：天下文化
责任编辑：师建华 孙宇婷
责任校对：王田芳
版式设计：卢馨
出版发行：南方出版社
地　　址：海南省海口市和平大道70号
电　　话：（0898）66160822
传　　真：（0898）66160830
经　　销：全国新华书店
印　　刷：北京博海升彩色印刷有限公司
开　　本：889×1194 1/16
字　　数：300千字
印　　张：24
版　　次：2019年1月第1版 2019年1月第1次印刷
书　　号：ISBN 978-7-5501-4957-1
定　　价：168.00元（全12册）

新浪官方微博：http://weibo.com/digitaltimes

NATURALLY BREWED
Soy Sauce
OVER 300 YEARS OF EXCELLENCE

砰！门被重重地关上了。

马陆一回到家，就坐到电视机前。

因为马上就要播变形机器人的动画片了。

“马陆，风好大啊。预报有台风，你去关下窗户好吗？”

妈妈说道。

“好的，我知道了。”

但是马陆一转眼就忘了。

因为他最喜欢的变形机器人的动画片开始了。

突然一阵困意袭来。

马陆就这样看着动画片打起了盹儿。

就在这时——

咚咚！咚咚！有人敲打窗户。

“咦？是谁呀？”

“我是风精灵啊，跟我一起玩儿吧。”

窗外的风精灵看上去就像一团软绵绵的棉花糖。

马陆把手伸出窗外，握住了风精灵的手。

马陆被卷进黑乎乎的龙卷风里。
他的身体开始旋转起来，
眼睛也旋转起来。
马陆低头一看，他的脚居然飘在了空中。
“啊啊啊啊！”
马陆大叫着闭上了眼睛。
一开始马陆很害怕，但很快他就熟悉了。
因为飘在空中飘飘忽忽的感觉，就好像在荡秋千一样。

马陆低头一看，正好看到了自己的家。
淘气鬼亨宇正在家门口的游乐园里骑自行车。
亨宇就是上次挑衅马陆的人。
“有没有办法捉弄亨宇呢？”
“你呼呼鼻子看看。”
马陆按风精灵说的呼了呼鼻子。
只见一阵强风把亨宇的自行车给吹倒了。
“哈哈哈哈！”
马陆和风精灵大笑了起来。

马陆和风精灵来到了海边。
这次马陆用嘴呼呼地吹了口气。
只见马陆呼出的气变成了雷电，发出了轰隆隆的巨响。
停靠在海边的船只摇摇晃晃的，像在跳舞。
穿雨衣的人们急忙跑过来。
马陆和风精灵再一次哈哈大笑起来。

马陆和风精灵来到果园。

马陆拍拍手，只见一阵强风袭来。

红彤彤的诱人的苹果全都掉了下来。

风精灵张开双手，掀起了更大的旋风。

只见塑料大棚的棚顶被掀翻了。

哈哈哈哈哈！风精灵大笑。

但是马陆再也笑不出来了。

不知道为什么，他再也提不起兴趣，而且心里觉得很不舒服。

马陆想起曾经跟妈妈一起去超市的事情。

在超市里，马陆拿苹果的时候，不小心把苹果掉到了地上。

妈妈小心翼翼地捡起苹果。

“马陆呀，这么诱人的苹果，你知不知道为了这些我们每天吃的食物，农民伯伯们一年要付出多少努力啊？我们一定要心存感激，还要懂得珍惜。”

原来马陆看见被风精灵吹掉的苹果，想起了妈妈曾经说过的话。

“够了！没意思！”

马陆阻止风精灵。

“没意思？那我让你看看更有意思的。”

轰隆隆，哐哐，风精灵掀起了一阵阵电闪雷鸣。

“这也没意思？那我变身给你看看吧！”

风精灵一转身，突然变成了恐怖的风魔女。

原来风精灵其实就是可怕的风魔女。

马陆害怕风魔女，大声哭了出来。

但是马陆哭得越厉害，风魔女就越开心。

风势越来越大，整个世界都变得黑漆漆的。

河水暴涨，吞没了房子。

人们爬到屋顶等待救助。

“呜呜——够了！够了！我想回家，求求你送我回家吧。”

马陆哭着求风魔女。

哈哈哈哈！风魔女疯狂地大笑道：
“马陆，你没有家了！懂了吗？”

原来马陆朝亨宇吹出的气吹倒了电线杆，电线杆又恰好撞到了马陆的家。

“无家可归？”

马陆只觉得眼前一黑。

就在这时，

飘在空中的马陆突然掉在了地上。

“啊啊啊啊啊啊啊！”

马陆害怕极了，紧紧闭上眼睛。

哈哈哈哈！从什么地方传来的笑声？

马陆大吃一惊，睁开眼睛，电视机里还在播放变形机器人的动画片。

原来是动画片里的主角在大笑。

风魔女其实是马陆做的梦。

“妈妈！”

马陆紧紧地搂住妈妈。

新闻里正在播放一股强台风即将来临的气象消息。

马陆想起了风魔女的梦。

“妈妈，台风来了该怎么办呀？”

“不用担心，我已经做好准备了，你看。”

妈妈拿出为应对台风而准备的急救箱给马陆看。

箱子里有手电筒、收音机、急救药品。

台风来临之前，马陆也把放在院子里的自行车放进了屋里。

他又一一关上了每个房间的窗户。

丁零丁零！好朋友雅拉来电话了。

雅拉说一起去游乐园玩儿。

“不行，要刮台风了，我们要待在家里，外面很危险。”

马陆挂了电话，坐到妈妈身边。

过了一会儿，外面开始风雨交加，但家里很安全。

困意渐渐袭来。

但是马陆觉得这次一定是好梦，不会再梦见风魔女了。

与父母一起阅读

大海因为高温天气，大量水分蒸发，变成水蒸气飞到空中。这些水蒸气聚在一起就会变成强烈的风雨，吹到韩国、日本、中国等国家，这就是台风。台风常常伴随着强降雨和强风，还会破坏农作物、引发山体滑坡等，是给我们的生活带来不好影响的讨厌鬼。

台风袭来之前要做哪些准备？

通过电视、电台、互联网、智能手机等渠道了解台风的路径和抵达时间。查看家庭下水道和房屋周围的下水口，如果有被堵住的地方要打通。停在河川附近的车辆要移到安全的地方。有可能被风掀翻的屋顶、招牌、窗户、门以及院子里或屋外的物品要固定好。紧闭门窗，为了安全，要待在家中。孩子们要把放在院子里的自行车或玩具固定好或者搬进屋里，且不能外出。孩子们还要协助父母准备急救药品、手电筒、饮用水、紧急口粮等生活必需品。为了以防万一，还要牢记父母的手机号码。还需要提前了解如何应对洪水的方法。

台风经过时该怎么做？

国家会通过“台风预警”或“台风警报”提前告知台风信息。台风袭来的时候，一定要留意电视或电台播出的灾情消息。

① 发布台风预警或台风警报，该怎么做？

停在河川附近的车辆要移到安全的地方。电线杆或建筑物坍塌时，要拨打119报警。住在危险房屋的居民要提前避到安全的地方。

② 洪水流进家里该怎么做？

洪水流进家里，要立即到屋顶或楼顶等高处请求救助。

③ 感觉将发生山体滑坡时该怎么做？

由于台风带来的强风暴雨，有时会引发山体滑坡。山坡处突然涌出大量泉水或山腰处出现裂痕、坍塌，都是发生山体滑坡的预兆。一旦发现这种现象，要立即躲到安全地带。

台风过后该怎么做？

发现上下水道或道路有故障，应立即联络市、镇、区厅或社区办事处。即使喝光准备的饮用水，也不能乱喝其他水，一定要煮开后再喝。被水浸没的房子，家中有可能充满煤气，一定要提前做好换气后再进入屋内。不要擅自修理电、气、水等设施，而是要联络专业公司，确认安全后再使用。堤坝有可能坍塌，不要靠近。靠近掉在地上的电线有可能触电，要小心。

消防报警电话 119（要要救）
报警电话号码 110
交通事故报警服务电话 122
急救电话号码 120
水上遇险紧急报警电话 12395（要岸上救我）
妇女维权公益服务热线 12338
电梯应急平台 96333

写给孩子的安全童话

⑩预防诱拐、失踪

谁才是坏人？

（韩）李锦熙 / 文 | （韩）申荣恩 / 绘 | 全贞燕 / 译

南方出版社 · 海口

This book is published with the support of Publication Industry Promotion Agency of Korea(KPIPA).

版权合同登记号：图字 30-2017-173

图书在版编目（CIP）数据

写给孩子的安全童话．预防诱拐、失踪：谁才是坏人？／（韩）卢智暎等著；（韩）权敏书等绘；全贞燕译．—海口：南方出版社，2019.1
ISBN 978-7-5501-4957-1

Ⅰ．①写… Ⅱ．①卢… ②权… ③全… Ⅲ．①安全教育－儿童读物 Ⅳ．①X956-49

中国版本图书馆CIP数据核字(2018)第236872号

写给孩子的安全童话 ⑩ 预防诱拐、失踪-谁才是坏人？
[韩] 李锦熙 / 文 [韩]申荣恩/绘 全贞燕/译

总 策 划：天下文化
责任编辑：师建华 孙宇婷
责任校对：王田芳
版式设计：卢馨
出版发行：南方出版社
地 址：海南省海口市和平大道70号
电 话：(0898) 66160822
传 真：(0898) 66160830
经 销：全国新华书店
印 刷：北京博海升彩色印刷有限公司
开 本：889×1194 1/16
字 数：300千字
印 张：24
版 次：2019年1月第1版 2019年1月第1次印刷
书 号：ISBN 978-7-5501-4957-1
定 价：168.00元（全12册）

新浪官方微博：http://weibo.com/digitaltimes

幼儿园里，小朋友们聚在一起聊天。

世娜在距离他们稍远的地方玩儿，小朋友们聊天的声音传到了世娜的耳朵里。

“听说住在我们小区的孩子碰到陌生的大叔，遇害了。”

老师开门走了进来。

小朋友们急忙坐回自己的位置。

老师严肃地对小朋友们说道：

“隔壁幼儿园的小朋友跟着陌生人走，差点儿遇害。虽然那个小朋友安全回到了家，但是差点就再也见不到父母了。所以大家也要时刻警惕可疑的陌生人。”

“嗯，谁是可疑的人呢？”

世娜认真地思考着。

她想起了小人书里的坏蛋老狼，还想起了电影里恐怖的坏人。

可是世娜又想起了有些故事里长相恐怖却心地善良的怪物。

“实在搞不懂。”

世娜摇了摇头。

第二天早晨。

世娜拿起书包准备上学的时候，突然掉下来一个从没见过的眼镜。

眼镜是蝴蝶形状的，镜片是黄色的。

眼镜在阳光的照射下闪闪发光，看上去漂亮极了。

世娜戴上它来到了幼儿园。

“咦？那是什么？”

在幼儿园里，世娜感到很奇怪。

因为她在幼儿园里碰到的小朋友，身前全都画着小圆圈。

“嗯，好奇怪！”

“眼镜很漂亮，但是在幼儿园里可以摘下来吗？”

老师对世娜说道。

世娜立即摘下眼镜，放进了口袋里。

眼镜一摘，小朋友们身上的圆圈也跟着不见了。

“啊哈！原来是因为眼镜啊，真是个奇怪的眼镜呀。”

世娜自顾自地笑了起来。

跟着妈妈从幼儿园回家的路上，世娜再次戴上了黄色的蝴蝶眼镜，观察路上行人身上有没有圆圈。

“世娜，走路的时候走神是很危险的。”

虽然妈妈这么说，但是世娜根本没有听妈妈的话。

“咦？那个大婶也有，那个哥哥也有，那个奶奶和那个爷爷也有。天啊，这个小狗也有！”

路过游乐园的时候，第一次出现了身前是叉号的人。

那个人着装整洁，亲切地望着孩子们。

世娜第一次看到出现叉号的人，吃惊地停下了脚步。

“想在这里玩儿吗？可是妈妈回家有事要做，怎么办呢？”妈妈为难地说道。

“我自己再玩一会儿就回家了。”

“好吧，你要多加小心，快点回家啊。”

世娜坐在秋千上，默默地注视着叉号男人。

那个男人只找那些独自一人的孩子说话。

我有只特别可爱的小兔子，你想不想看看呢？
叔叔车里有玩具，都给你吧！

叉号男人也跟世娜说话了。

“我正在找朋友家，但是实在不知道到底在哪里，你知不知道阳光小区在哪儿啊？”

“我家就在那儿……”

世娜脱口而出，说完后，心里突然感觉不妙。

她赶紧用双手捂住了嘴。

“哈哈，是吗？太好了！你能不能带叔叔去啊？”

这时，楼下大婶正好路过。

世娜指着那位大婶说：

“那个大婶也住在阳光小区，跟着那个大婶去就行了。”

世娜正要大声呼喊大婶的时候，叉号男人急忙拦住世娜：“啊，叔叔希望你带我过去！”

就在这时——

男人身前的叉号变得越来越大！

世娜心里感到不妙，急忙撒了个谎：“妈妈说来接我，啊！妈妈来了！”

叉号男人听到后，头也不回地跑掉了。

“哈哈哈哈！”

世娜大笑起来。

当天晚上，世娜感觉鼻子痒痒的。

睡梦中，她睁开眼睛一看，只见一只黄色蝴蝶落在鼻尖上。

“以后不用戴黄色蝴蝶眼镜，你也可以分辨可疑的人啦。”蝴蝶说道。

“是啊，谢谢你。”

世娜开心地回答完后，又闭上了眼睛。

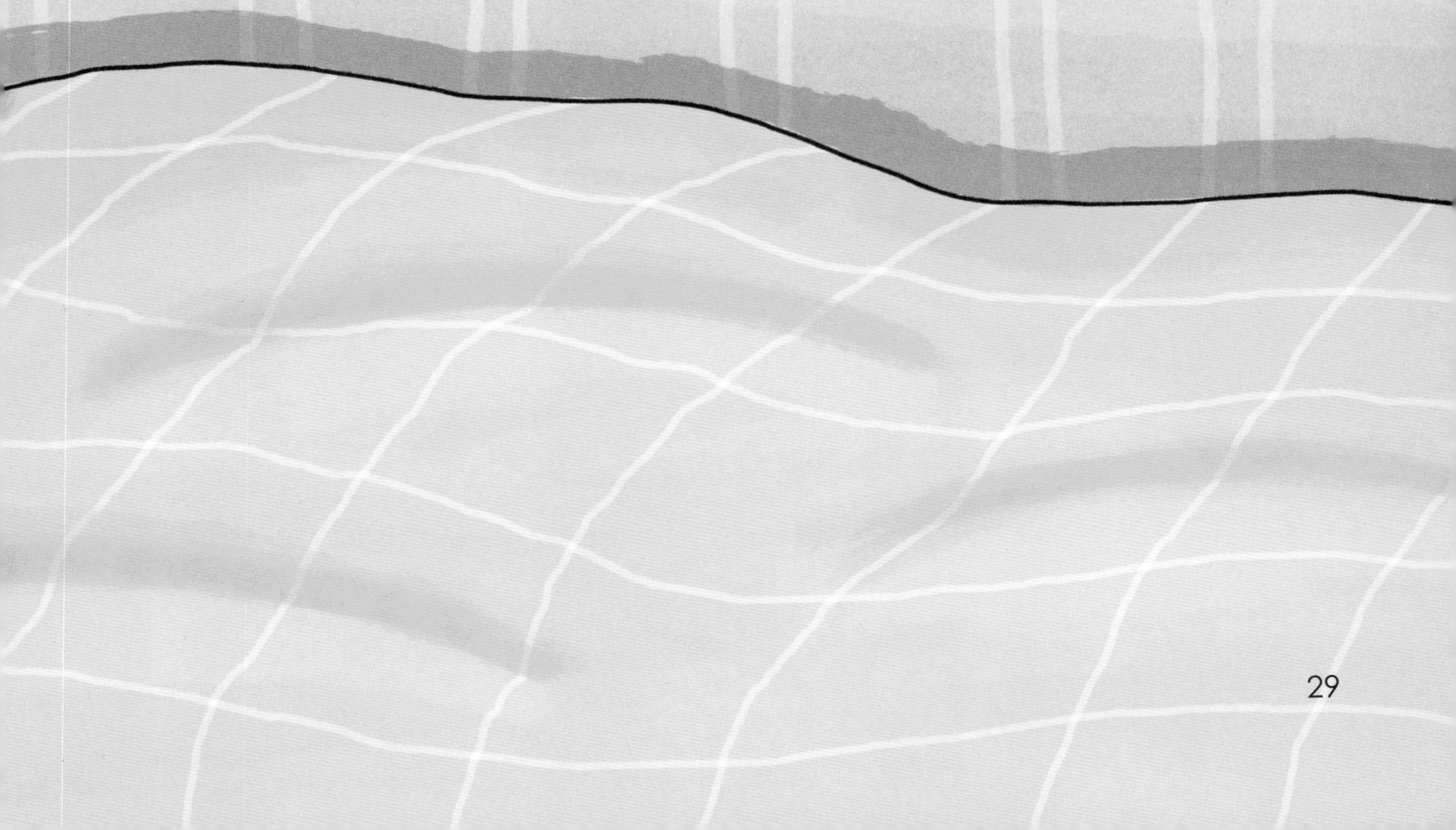

与父母一起阅读

如何预防诱拐和失踪？

警察每年都会接到儿童失踪的报案，有时候也会找不回失踪的孩子。如何预防儿童被诱拐和失踪呢？

第一，小心陌生人

- 遇到陌生人呼喊名字，装作很熟的样子时，不要应答，要尽快躲避。
- 不接受陌生人给的钱、饼干、饮料、玩具等。
- 遇到陌生人问路，只在原地指路，不要跟着走。
- 遇到陌生人呼喊名字，试图带走，要大声呼救，请求帮助。
- 如果遇到陌生人的地点离家较远，要尽快到安全处（儿童守护站、朋友家、店铺、学校等）拨打电话，让家人来接。

第二，不引发危险情况

- 不要一个人去人少的空旷地、儿童乐园等地。
- 不要在外面玩到很晚。
- 往返幼儿园或学校的时候，跟朋友一起走安全的路。
- 出门玩耍的时候，要告诉家人跟谁一起在哪里玩，什么时候回家。

第三，迷路不惊慌

- 迷路时不要乱走，要站在原地等待，请求周围大人或警察的帮助。
- 如果能拨打电话，不要惊慌，走进店铺给父母打电话或报警。

谁是坏人？

像动画片和电影里的坏人一样可怕，手里拿着锤子或刀这类武器的人才是坏人吗？

一副生气的样子、长相可怕的人都是坏人吗？

模模糊糊，太难了。

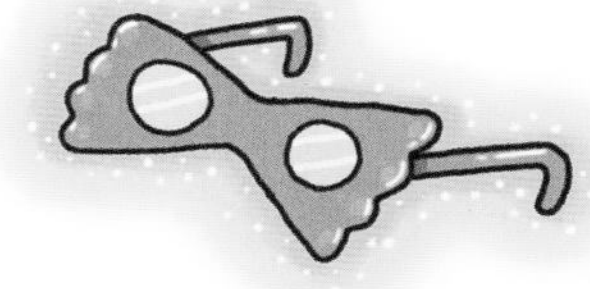

漂亮的人和好人不一样！

人眼可见的外表下也许藏着另一张脸。

漂亮的人和好人不一样，好人愤怒的时候也会做坏事。

谁都可以变成坏人！

坏人也许是男人，也许是女人。

坏人穿的衣服也许是漂亮的，也许是寒酸的。

坏人的表情也许恐怖，也许亲切，也许搞笑。

坏人也许是住在附近的大人，也许是第一次见到的人。

不当善良的孩子也没关系！

大人们要求我们做一个善良的孩子。善良的孩子遇到陌生人有困难时会提供帮助。但是不帮助陌生人，不代表是坏孩子。即使没有直接帮忙，找其他大人帮忙也是可以的。

大人要请大人帮忙。遇到要小孩帮忙的大人，要怀疑他是不是坏人。

消防报警电话 119（要要救）
报警电话号码 110
交通事故报警服务电话 122
急救电话号码 120
水上遇险紧急报警电话 12395（要岸上救我）
妇女维权公益服务热线 12338
电梯应急平台 96333

南方出版社·海口

游泳大王和安全大王的水上游戏

泰宇和俊秀分别擅长什么，画线把对应的图片连起来。

幼儿园组织小朋友们去了什么地方，在正确的图片上画○。

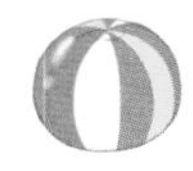

找出玩水时的正确行为，并画√。

做了热身运动。

马上下水。

游泳水平高，没戴游泳圈就进入了深水区。

在脚够不到的地方玩的时候，戴着游泳圈下水。

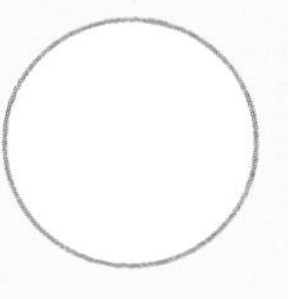

读一读故事

观察下列图片，从图片区里找出必要的物品，分别画线连起来。

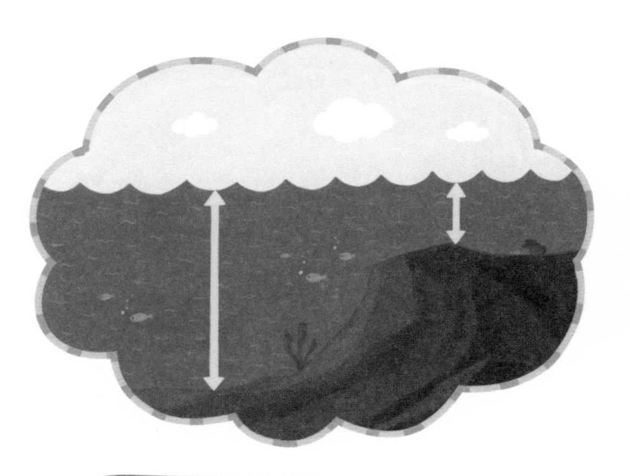

江河或大海有些地方会突然变深，在海里或河里游泳时必须戴上。

在烫沙滩久坐时非常需要。

找出下列图片中的不同之处，并在右侧图片上画○。

★去玩水时要准备好游泳圈、救生衣等安全用品。

★要准备合身的救生衣及游泳圈。

★定下休息时间，保障休息。

★游泳馆地面湿滑，不要跑来跑去。

★必须做热身运动。

★在海边应选择距离沙滩较近的地方玩。

★小心被海浪卷走，只在可以判断水深的地方玩水。

★必须穿戴救生衣或游泳圈。

★小心不要踩到碎玻璃或贝壳。

★下水前必须做热身运动。

找出图片中的危险行为，并画 ×，再说说理由。

下水前用水沾湿身体才安全，应该从哪里开始沾湿？在空白处写下编号。

脚	1	脸	
胸部		腿	

 爸爸妈妈外出是在哪一天，在相应的图片上画○吧。

 请你找出圣诞老人送的礼物，并画○。

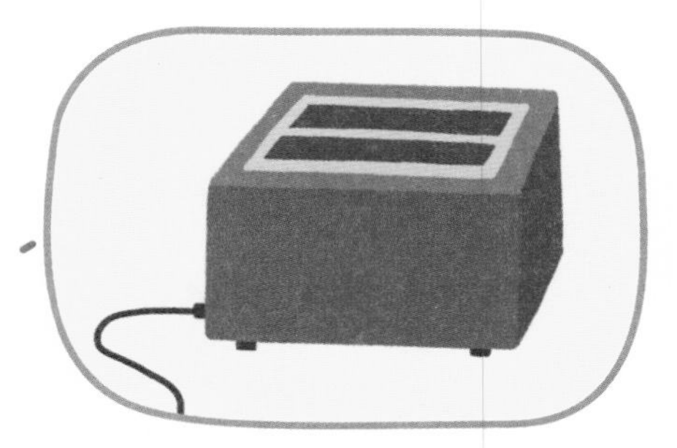

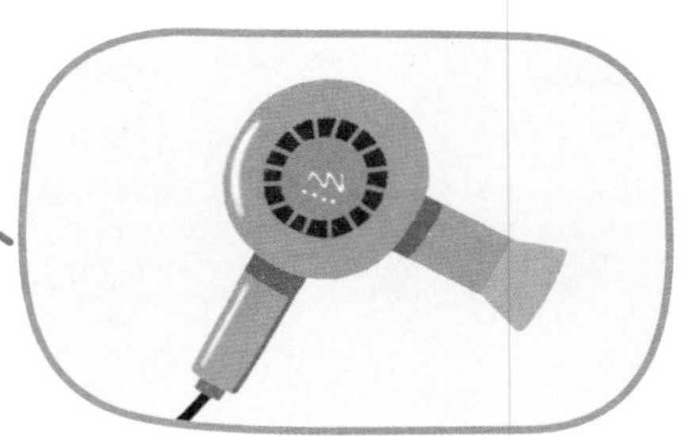

观察下列图片，按照事情的先后顺序写下编号。

把电妖怪喜欢的全都找出来，并画 ×。

请你动手装扮一下圣诞老人，并说说圣诞老人都教给我们哪些安全注意事项。

把筷子插进电插板或烤面包机很危险。

用湿手触摸吹风机或电器很危险。

在一个电插板上插多个电器插头很危险。

下列图片中的小朋友正在做危险的事情，请你给他讲解有关电器安全的常识。

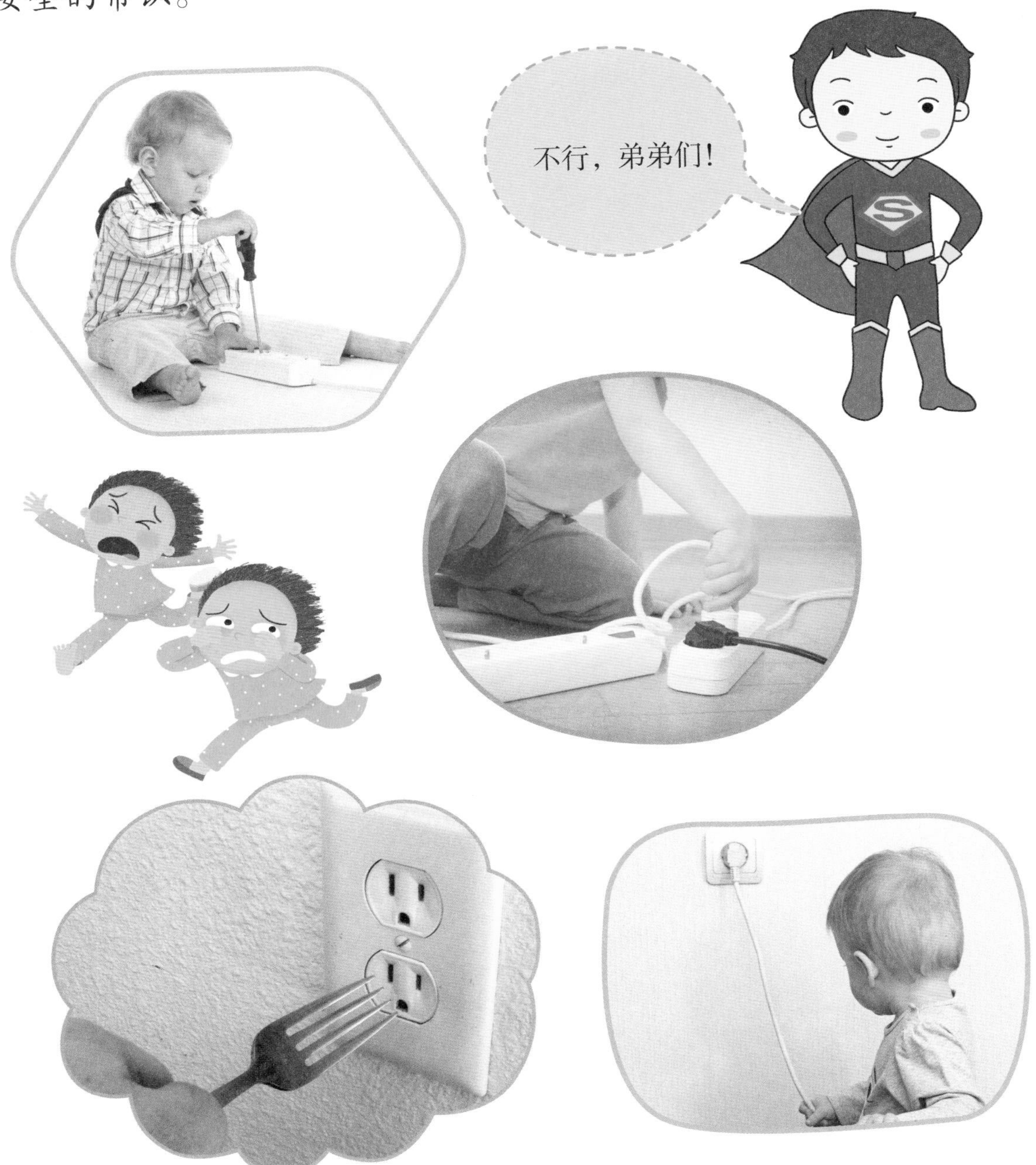

⑧ 用火安全

好烫的生日聚会

今天山山打算跟朋友们开什么派对?

圣诞派对

生日派对

山山今天的计划是什么?

跟妈妈一起做曲奇饼。

让妈妈治疗伤口。

请你把会烫手的东西全都找出来，在空白处画 ×。

下面的场景中，妈妈因为担心山山受伤说了什么话？

观察左侧的影子，猜一猜它是什么物体的影子。

不要靠近燃气灶或烤箱。

小心冒水蒸气的电饭锅或水壶。

小心热汤。

不能拿火柴、蜡烛、打火机玩火。

不要靠近燃气灶或烤箱。

燃气灶及烤箱的火很热。既不能玩火，也不能随便伸手摸放在上面的锅具，而且不能随便打开烤箱门。

小心冒水蒸气的电饭锅或水壶。

即将做好饭的电饭锅及水已经烧开的水壶会冒出热气，不要因好奇心而把脸凑上去或者把手指放进水蒸气排放孔里。

小心热汤。

午餐时间不要在餐厅、幼儿园、学前班打闹嬉戏，撞到端着热食物的人很危险。

不能拿火柴、蜡烛、打火机玩火。

不要拿火柴、蜡烛、打火机、爆竹等物品玩火。一旦衣服着火，马上在地上打滚灭火。

下图中的小朋友们正处于危险中，为了让他们不被烫伤，你应该对他们说些什么？

妈妈说为什么要关上窗户，找出相应的图片，并画○。

暴雪

台风

酷暑

地震

马陆为什么忘掉妈妈让他关窗户的事，找出相应的图片，并画○。

在游乐场玩耍

看变形机器人动画片

睡午觉

马陆遇到的风精灵是由谁变身的，找出相应的图片，并画○。

一开始马陆觉得跟风精灵一起玩很有意思；不过后来他的心里越来越不舒服，阻止了风精灵。说说这是因为什么。

大风是如何折磨人类的，看着图片说一说。

风魔女为何说马陆失去了家，找出相应的图片，并画○。

自行车

苹果树

电线杆

为了应对台风，妈妈在急救箱里准备了手电筒、收音机、急救药品。动手装饰收音机，想一想急救箱里应该放哪些药品，动手画出来吧。

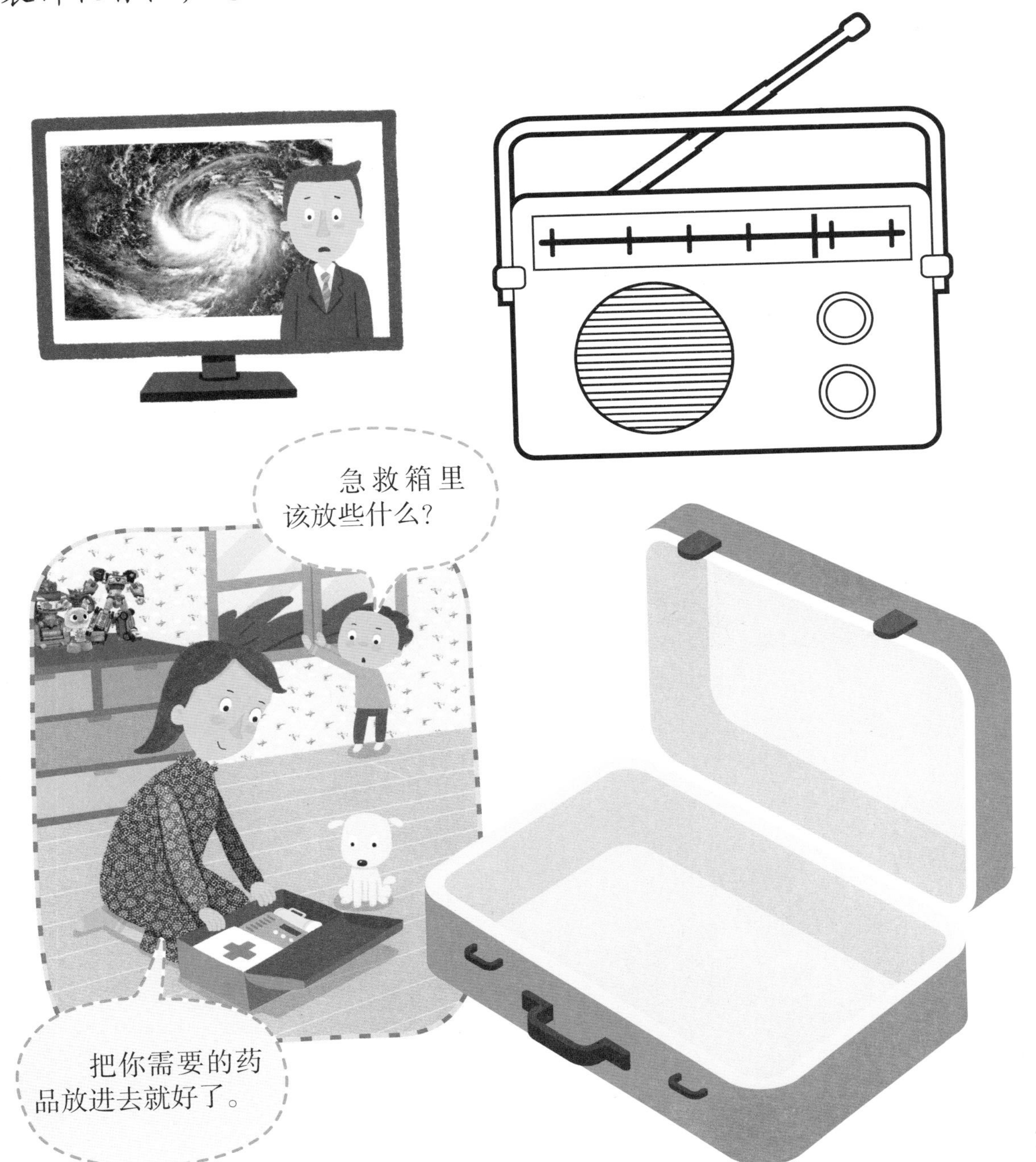

★台风袭来之前，应通过收音机、电视、互联网等渠道掌握台风的路径和时间。

★关好门窗，为了安全，待在家里。

★儿童不能外出。

★提前准备好急救药品、手电筒、饮用水、应急粮食。

★一旦发现电线杆或建筑倒下，马上拨打119报警，请求帮助。

发生地震时应该怎么做？沿着鬼步画下去。选择安全的方法，才可以见到妈妈。

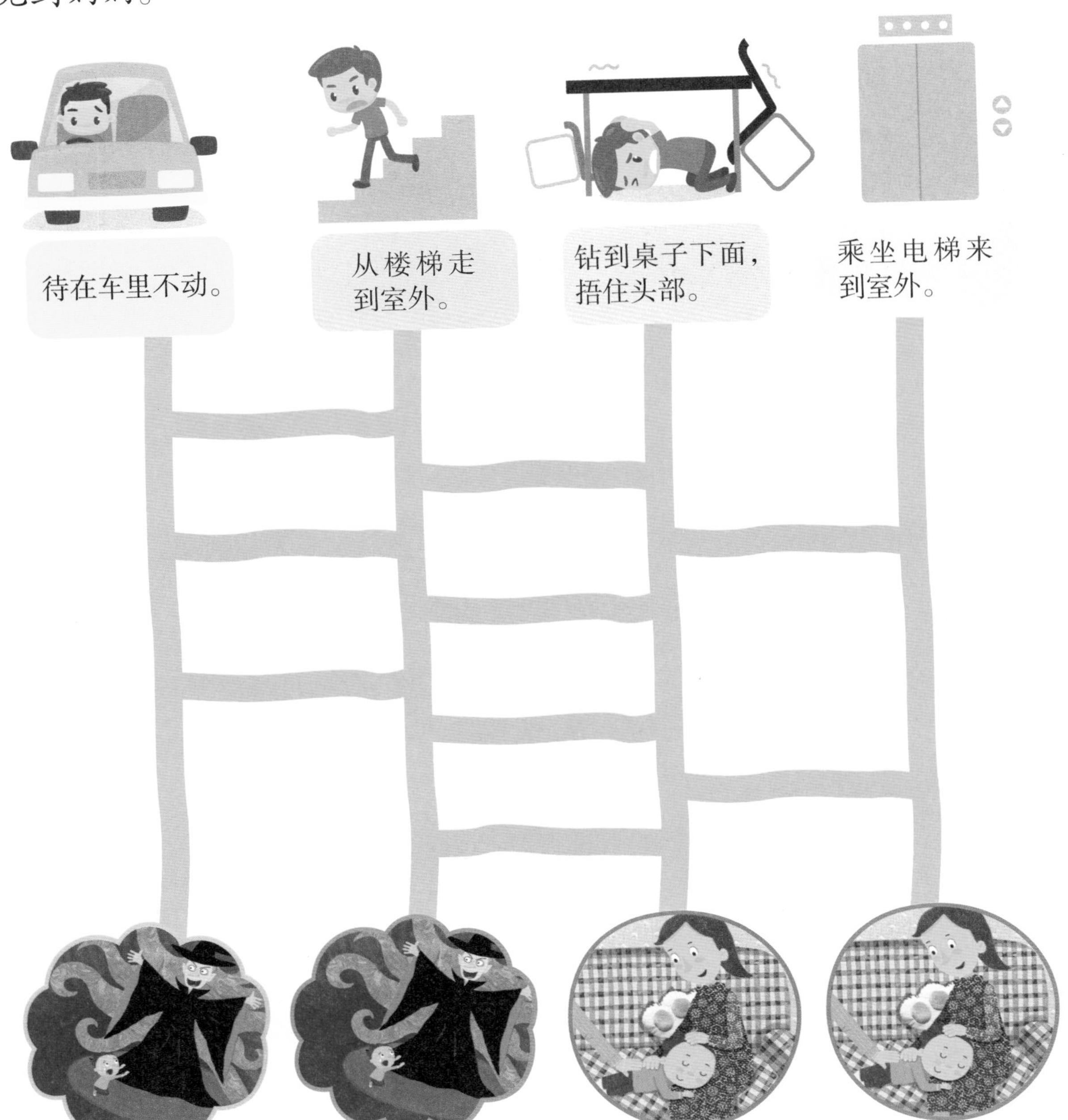

请你找出世娜今天遇到的人，并画○。

世娜自从发现什么东西以后，开始能在其他人身上看到 ◎ 或 ✕ 记号，找到相应物品的图片，并画○。

坏人应该长什么样？理由是什么？

陌生的叔叔向世娜提出带他去阳光小区，世娜应该找谁帮忙，找出相应的图片，并画○。你还能想到其他好办法吗？

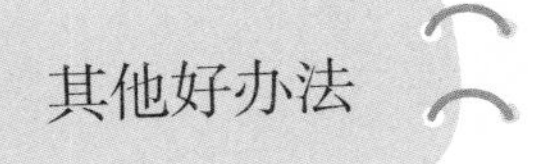

请你说说遇到陌生人说下面的话时，应该怎么做。

一定要记住

随时随地都可能遇到陌生人。
没有大人会请小朋友帮忙。

装饰好电话机，动手制作急救电话簿吧，用纸电话机试着拨打号码吧。

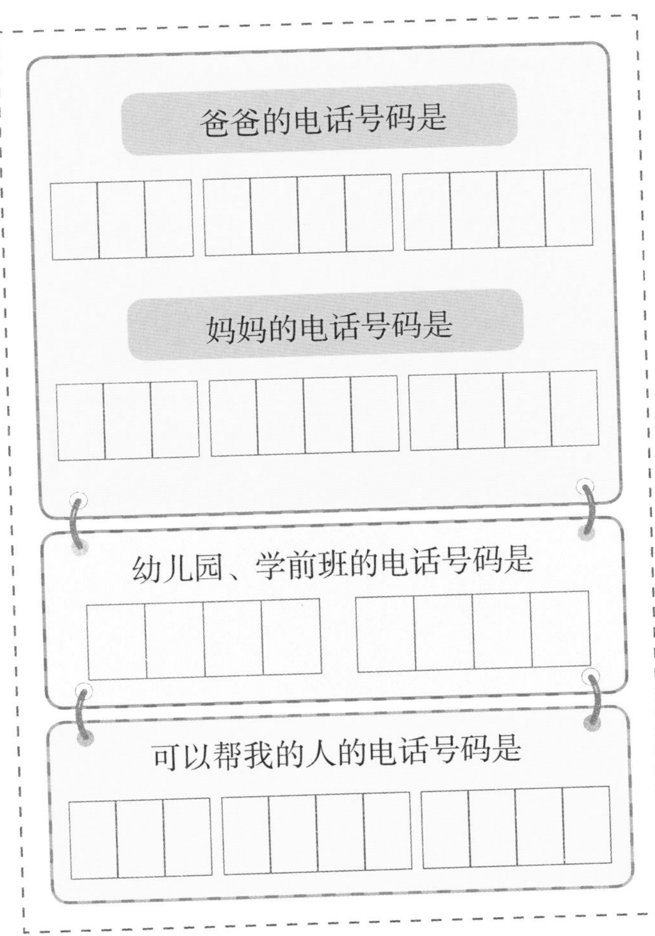

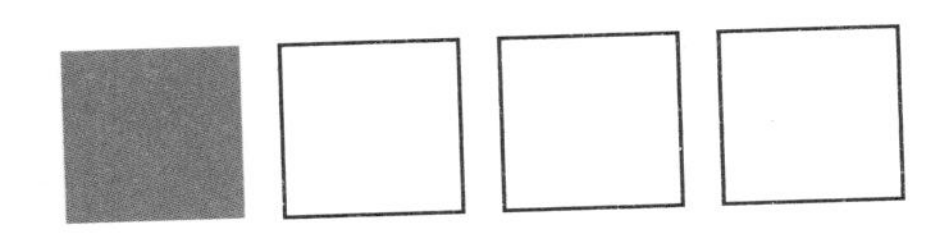

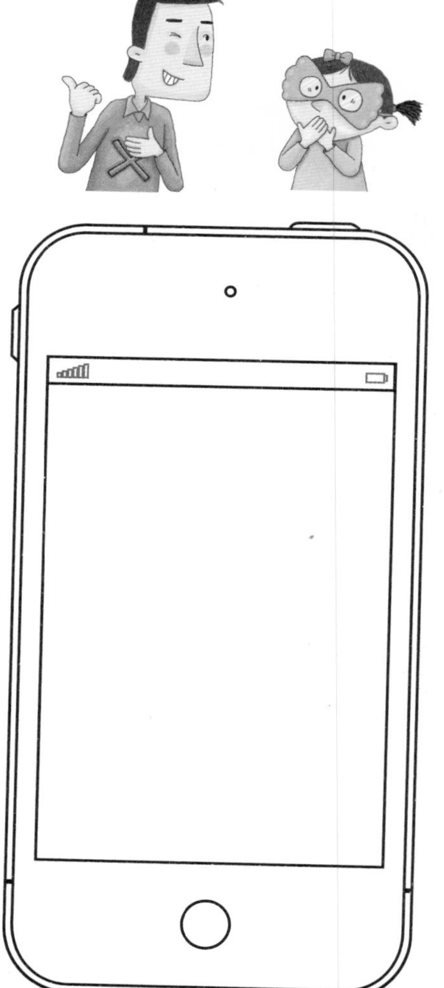

妈妈的名字叫 ○○○

爸爸的名字叫 ○○○

我的名字叫 ○○○

我上的幼儿园是 ____________

我们幼儿园是 ____________

一定要记住 □□□□

请你按顺序说出迷路时应该怎么做，读一读下面的文章。

停下来

请求帮忙

思考

预防儿童走失歌

停下来！一旦与爸爸妈妈走散，首先停下来！
思考一下！记起名字和电话、地址。
请求帮忙！找到公用电话亭，先按红色键，再按 110。
请警察叔叔来帮忙。
停下来！思考！请求帮忙！
停下来！思考！请求帮忙！

一旦遇到陌生人企图带自己走，应该按下面的方法行动，请你大声读出来吧。

写给孩子的安全童话

❶ 日常游玩

守护呜哩和嘟哩

（韩）卢智暎 / 文 | （韩）权敏书 / 绘 | 全贞燕 / 译

南方出版社 · 海口

This book is published with the support of Publication Industry Promotion Agency of Korea(KPIPA).

版权合同登记号：图字 30-2017-173

图书在版编目（CIP）数据

写给孩子的安全童话 . 日常游玩 ：守护呜哩和嘟哩 /（韩）卢智暎等著；（韩）权敏书等绘；全贞燕译. —海口：南方出版社，2019.1

ISBN 978-7-5501-4957-1

Ⅰ. ①写… Ⅱ. ①卢… ②权… ③全… Ⅲ. ①安全教育－儿童读物 Ⅳ. ①X956-49

中国版本图书馆CIP数据核字(2018)第236862号

写给孩子的安全童话 ① 日常游玩-守护呜哩和嘟哩
[韩] 卢智暎 / 文 [韩]权敏书/绘 全贞燕/译

总 策 划：天下文化
责任编辑：师建华 孙宇婷
责任校对：王田芳
版式设计：卢馨
出版发行：南方出版社
地 址：海南省海口市和平大道70号
电 话：(0898)66160822
传 真：(0898)66160830
经 销：全国新华书店
印 刷：北京博海升彩色印刷有限公司
开 本：889×1194 1/16
字 数：300千字
印 张：24
版 次：2019年1月第1版 2019年1月第1次印刷
书 号：ISBN 978-7-5501-4957-1
定 价：168.00元（全12册）

新浪官方微博：http://weibo.com/digitaltimes

“哇！我也要有荧光笔啦！”

智敏在门口高兴得蹦蹦跳跳。

“不过你要好好照顾呜哩和嘟哩哦，可别让他们受伤啊。”

智敏今年 8 岁，呜哩和嘟哩是智敏的双胞胎弟弟，比智敏小两岁。

这两个家伙可是数一数二的淘气鬼。

妈妈有急事要出门一趟，对智敏说只要能在爸爸回家之前好好照顾弟弟们，就会送她一支荧光笔作为奖励。

“怎么才能把它拿下来呢？”
“爬上去就行了。”
话音刚落，嘟哩就像蜘蛛侠一样爬上了书柜。
他打算把放在书柜顶上的箱子拿下来。
“趁妈妈不在，正好拿下来看看。”
“好啊，再往上爬一点就行了。”

“再高点儿，再高点儿啊！”

嘟哩的手马上就要够到箱子了。

就在这个时候，突然听到“哎呀”一声，紧接着，书柜上的书呼啦啦全都倒了下来。

嘟哩掉在地上摔了个屁股蹲儿。

“哎哟！呜呜呜呜！”

嘟哩放声大哭。

“你们又在捣什么乱啊？”智敏问道。

“嘟哩爬上书柜要拿箱子。”

“不是你让我爬上去的吗？”

呜哩和嘟哩开始互相指责，争吵起来。

“哎呀，你们这两个淘气包呀！”

智敏觉得不能让两个弟弟离开自己的视线，于是带着两个小家伙来到了客厅。

智敏拿出蛋糕给弟弟们吃。

“我要吃大的！”

“我要吃巧克力！”

呜哩眼疾手快地拿起蛋糕上的巧克力。

“不行！那也是我的。”嘟哩喊道。

客厅立马变成了菜市场。

呜哩手里拿着叉子跑来跑去，一不小心摔倒了，差点儿被叉子划破脸。

而且，呜哩关门的时候还差点儿把嘟哩的手指夹住。

“够了！！！”

智敏大声喊道。

她很担心如果弟弟们受伤的话，自己就得不到荧光笔了。

智敏想不通为什么时间过得这么慢。

离爸爸回家还有40多分钟呢。

“你俩跟我出去玩会儿吧。”

智敏打算换一个方式。

她本来觉得在家最安全，但是现在看来这个想法是错误的。

“哇！”呜哩和嘟哩骑着滑板车飞快地下坡。

“你们小心点儿！慢点儿啊！”

智敏冲着呜哩和嘟哩大喊道。

来到外面，智敏的心情好了很多。

她感觉在外面总比在家里时间过得快一些。

10

然而就在这个时候，突然传来了“咯吱吱”的急刹车声。
智敏赶紧跑过去，看到呜哩和嘟哩正在扶起滑板车。
“在这种地方怎么能骑滑板车啊？”
“这两个孩子怎么连护具都没戴啊！”
司机叔叔和大人们都过来看弟弟们有没有受伤。
智敏吓了一大跳，心开始怦怦乱跳起来。

“你俩今天可不能再骑滑板车了。”

智敏从弟弟们手里抢过滑板车。

“姐姐，我们以后不在车道上骑了。”

“没有护具也不能骑！”

“姐姐回家把护具拿来不就行了吗？”

呜哩和嘟哩哀求道。

智敏犹豫着要不要回家拿护具。

她担心自己回家的时候，呜哩和嘟哩又出什么乱子。

“哼！嘟哩，我们去游乐场吧。”

“好啊。”

呜哩和嘟哩不理智敏，就去了旁边的游乐场。

智敏只好拖着沉重的滑板车，跟在弟弟们的后面。

游乐场里挤满了孩子。

智敏在一棵大树旁边放好滑板车，就忙着去追弟弟们。

“呜哩！小心秋千！”

智敏拽住呜哩的手臂。

差一点儿，秋千就撞到呜哩了。

智敏刚松了一口气，这时又发现了嘟哩的身影。

嘟哩正倒着往滑梯上爬，与一个坐滑梯下来的女孩子撞在了一起。

“哎呀！你怎么不走台阶啊！差点儿就受伤了！”

嘟哩被那个女孩子的妈妈数落了一通。

不知不觉间太阳开始落山了。
呜哩和嘟哩仍不知疲倦地跑来跑去。
“好像已经到爸爸回家的时间了……”
智敏借了旁边一个阿姨的手机给爸爸打电话。
电话拨通后，里面传来了爸爸的声音。
“喂？”
“爸爸……”
智敏突然流下眼泪。

“爸爸，我不要荧光笔了。你能不能马上回来啊？”

“我的宝贝女儿，怎么了？出什么事了？”

爸爸说着，就出现在了智敏面前。

“爸爸！呜呜呜！”

智敏哭了起来。

弟弟们被爸爸大骂了一通。

当天晚上，智敏睡着以后，妈妈把荧光笔放到了智敏的枕头下面。

与父母一起阅读

不管在室内还是在室外，玩的时候一定要遵守一些规则。

你知道要遵守哪些规则吗？

室内玩耍安全守则

1. 不在沙发上或椅子上跳来跳去，如果摔下来会骨折。

2. 不能拿着刀叉等尖锐的东西走来走去，万一摔倒会受重伤。

3. 要小心房门或卫生间的门等容易夹住手脚的地方。

4. 避免站到椅子上或者用其他东西垫脚去拿东西。万一身体失去平衡或者椅子太滑，摔下来的话会受重伤。

5. 绝对不可以拉拽书柜、电视机等大型家用器物，或爬到上面。书柜或家用电器倒下来很容易被砸在下面。

6. 拿取高处够不着的物品时一定要请求大人帮忙。

室外游玩安全守则

随处骑滑板车、自行车、轮滑等这些带轮子的器具很危险。

1. 绝对不可以上车道，要在公园或轮滑专用场地骑。

2. 需戴好安全帽、护肘、护腕、护膝等护具。

3. 在过马路的时候，必须从自行车上下来，推着自行车过马路。

4. 下坡的时候必须尽量降低速度。

5. 雨天要穿颜色鲜明的服装。

6. 天黑之后不要骑这些器具，要遵守这些安全规则。

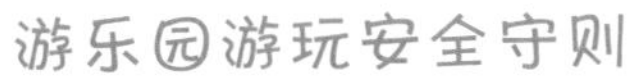

去游乐园玩耍时应穿着轻便的服装和运动鞋。远离故障设备，先确认游乐设备的扶手或栏杆等部件是否安全可靠再使用。

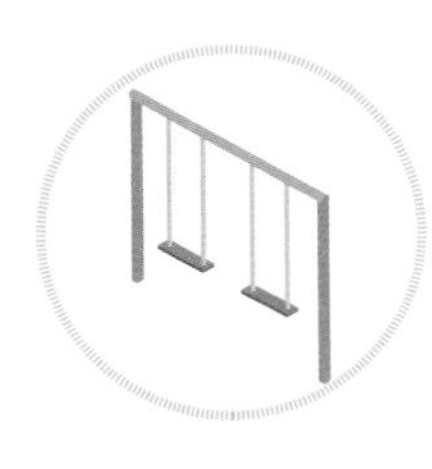

秋千

等到秋千完全停稳后再下来。其他小朋友正在荡秋千的时候不要靠近。不要站着荡秋千或者荡得过高。必须两手握住秋千绳，不要捻绳子或趴着荡秋千。

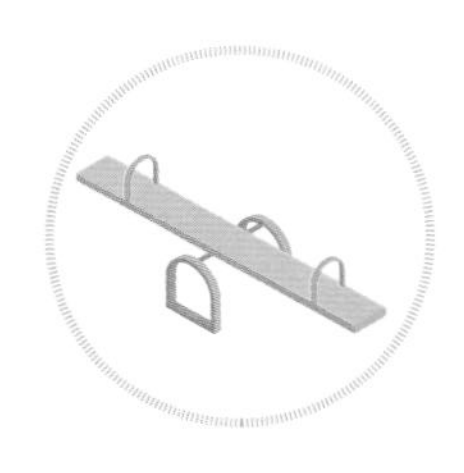

跷跷板

玩跷跷板时要紧紧抓住扶手，下来的时候先通知对面的小朋友再下来。玩跷跷板或下来的时候要注意脚下，避免被跷跷板压住。

攀登架

双手抓住慢慢攀登，避免失去重心。不要从其他小朋友正在下来的地方攀登。雨后湿滑，不要攀登，以免滑倒。不要跳下攀登架，以免扭伤脚踝或撞到下面的小朋友。

滑梯

上滑梯的时候必须从阶梯上去。千万不要倒爬滑梯。等前面的小朋友完全滑下滑梯后，再滑滑梯。不要站着或趴着滑滑梯。

消防报警电话 119（要要救）
报警电话号码 110
交通事故报警服务电话 122
急救电话号码 120
水上遇险紧急报警电话 12395（要岸上救我）
妇女维权公益服务热线 12338
电梯应急平台 96333

写给孩子的
安全童话

❷ 交通安全

懒懒坐巴士

（韩）吴秀妍 / 文 | （韩）李善熙 / 绘 | 全贞燕 / 译

南方出版社 · 海口

This book is published with the support of Publication Industry Promotion Agency of Korea(KPIPA).

版权合同登记号：图字 30-2017-173

图书在版编目（CIP）数据

写给孩子的安全童话 ．交通安全 ：懒懒坐巴士 /（韩）卢智暎等著；（韩）权敏书等绘；全贞燕译．—海口：南方出版社，2019.1

ISBN 978-7-5501-4957-1

Ⅰ．①写… Ⅱ．①卢… ②权… ③全… Ⅲ．①安全教育－儿童读物 Ⅳ．①X956-49

中国版本图书馆CIP数据核字(2018)第236861号

写给孩子的安全童话 ②交通安全- 懒懒坐巴士

[韩] 吴秀妍 / 文 [韩]李善熙/绘 全贞燕/译

总 策 划：天下文化
责任编辑：师建华 孙宇婷
责任校对：王田芳
版式设计：卢馨
出版发行：南方出版社
地 址：海南省海口市和平大道70号
电 话：(0898)66160822
传 真：(0898)66160830
经 销：全国新华书店
印 刷：北京博海升彩色印刷有限公司
开 本：889×1194 1/16
字 数：300千字
印 张：24
版 次：2019年1月第1版 2019年1月第1次印刷
书 号：ISBN 978-7-5501-4957-1
定 价：168.00元（全12册）

新浪官方微博：http://weibo.com/digitaltimes

星星山
汽车站

105

“呜啊啊！”

树林中的小精灵懒懒从长长的睡眠中苏醒了。

看来是睡得时间太长了。

山和树都不见了。

“咦？那些冒出来的尖尖的东西是什么？那个奇怪的推车又是什么？”懒懒一阵东张西望。

当他要穿过马路的时候，来往的车辆纷纷按起了喇叭。

嘀嘀嘀嘀！

面包店
裁缝店

“孩子，过马路的时候要走人行横道呀。”

“人行横道？那是什么？”

“马路上用白线画出的斑马线就是人行横道呀，人们要从那里过马路。你看，前面信号灯的红灯亮了吧？红灯亮的时候不能过马路，只有绿灯亮了才可以。”

“啊！绿灯亮了！”

懒懒正要穿过马路，突然一辆汽车呼啸而过。

“哎呀，吓死我了！”

有个小朋友看到这一幕，哈哈大笑起来。

“哈哈！哥哥连安全守则都不懂吗？过马路的时候要先看看左右有没有车开过来嘛。”

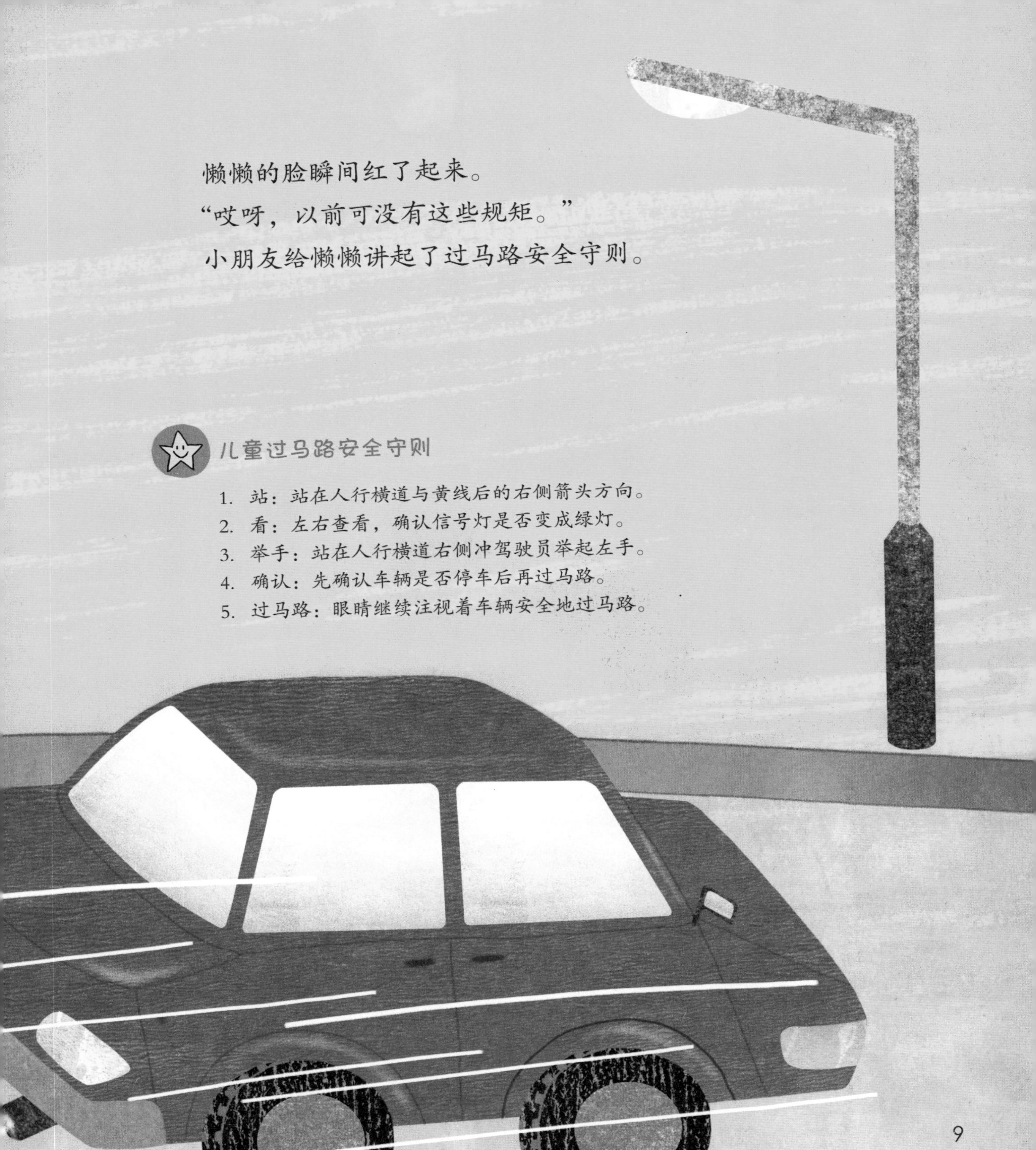

懒懒的脸瞬间红了起来。

“哎呀，以前可没有这些规矩。”

小朋友给懒懒讲起了过马路安全守则。

儿童过马路安全守则

1. 站：站在人行横道与黄线后的右侧箭头方向。
2. 看：左右查看，确认信号灯是否变成绿灯。
3. 举手：站在人行横道右侧冲驾驶员举起左手。
4. 确认：先确认车辆是否停车后再过马路。
5. 过马路：眼睛继续注视着车辆安全地过马路。

懒懒举起手安全地通过了马路。

懒懒来到有很多树木的公园，却看不到树精灵。

“呜呜呜！树精灵们，你们都在哪儿啊？”

一只鸽子飞到正在呜呜哭泣的懒懒面前。

“喂，住在这里的树精灵们都去星星山了，很久以前就搬到那里了。”

“什么！星星山？”

地铁站
出入口
3
EXIT

“我也要去星星山，怎么才能去那儿？”

听到懒懒这么问，鸽子回答道：“在汽车站坐公共汽车就到了，我送你去汽车站吧。”

懒懒喜出望外。

“真是太谢谢你了，鸽子！”

鸽子扑棱棱地飞到懒懒的肩膀上。

“坐地铁去汽车站吧。”

进站口 Tracks

懒懒上了地铁站的自动扶梯。

“哇！阶梯自己在动耶！哇，哇，啊哈！”

懒懒在扶梯上开心地蹦蹦跳跳。

这时，地铁乘务员叔叔跑过来大喊道：“哎呀，你这孩子呀！在自动扶梯上玩耍可是很危险的，万一扶梯突然停下来,摔倒了,后果可是很严重的！”

懒懒大吃一惊，紧紧地抓住了扶手。

“哎呀，差点出大事了。”

自动扶梯安全乘坐守则

1. 按照排队顺序乘坐扶梯。
2. 不要坐在扶梯上。
3. 不要在扶梯上走动或蹦蹦跳跳，应该握紧电梯扶手。
4. 注意所穿的衣服、鞋子和身上挂件等，以免被扶梯末端卷入卡住。

懒懒觉得地铁自动开关门太神奇了。

门刚刚开启，懒懒就把手伸了进去，接着又伸了一只脚。

鸽子阻拦道：“小心点呀！你这样很容易被自动门夹住受伤的。”

“会被门夹住吗？”

懒懒大吃一惊，急忙停止了嬉戏。

乘坐地铁安全守则

1. 不要在站台和台阶等处奔跑追逐。
2. 注意列车和站台之间的间隙，避免踏空。
3. 上车时先下后上。
4. 出入门即将关闭时不要强行上车。
5. 注意手或身体不要倚靠车门，避免受伤。

懒懒来到汽车站。

“懒懒，再见。希望你能早点见到朋友们。”

“谢谢你，鸽子。”

懒懒与鸽子道别后上了汽车。

司机叔叔给懒懒系好了安全带。

咔嗒咔嗒，懒懒玩起了安全带，一会儿系好，一会儿又解开。

“孩子，坐车的时候一定要系好安全带哦，这样在发生事故的时候才可以避免受伤。”

嗨哟嗨哟！

砰！前方发生了一起交通事故。

"叔叔，给我开下车门！"

懒懒冲出汽车。

"嗨哟嗨哟！"

懒懒一把举起事故车辆，把它放到了路边。

车里的人们解开安全带走了出来。

"呼，全靠安全带和你，我们才活了下来！真是太谢谢你了。"

安全带的作用

不要心存"应该不会发生事故吧？"这种侥幸心理。不系安全带会怎么样呢？

在任何时间、任何地点都有可能发生事故。就像"安全带是生命带"这句话一样，一旦发生事故，缺少安全带保护的乘客受伤的概率就会增加 18 倍。

乘坐机动车的时候必须系好安全带。

懒懒回到汽车上。
响起了“啪啪啪！”的掌声。
懒懒的脸红了起来。
懒懒露出灿烂的笑容，重新系好了安全带。

哈哈，
做得好！
哇！
万岁！
哇，
太棒了！

懒懒在星星山站下了车。

“呼啊！”

懒懒吸了一大口清新的空气，朝着天空大喊道：

“树精灵们！是我，懒懒呀！”

懒懒洪亮的声音响了起来。

这时从远处的山峰传来一声：

“懒懒，快过来！”

精灵朋友们！

懒懒一直等到信号灯变绿才过去。

先观察左边，再观察右边，然后举起手安全地过了马路。

他高兴地跑向那座山。

在城市里，懒懒不知如何是好；但是在山上，他可以跑得比小鹿还快。

“哇！我的朋友们！”

懒懒终于见到了朋友们！

懒懒成了星星山的人气精灵。

“懒懒，再给我们讲一讲移动阶梯的故事吧。”

“懒懒，门真的会自己开关吗？”

“你说绿灯行、红灯停？嘿嘿！好神奇啊。”

懒懒的故事无论听多少遍都很有趣。

懒懒跟树精灵们约好了——

那就是大家一起坐汽车进城转转！

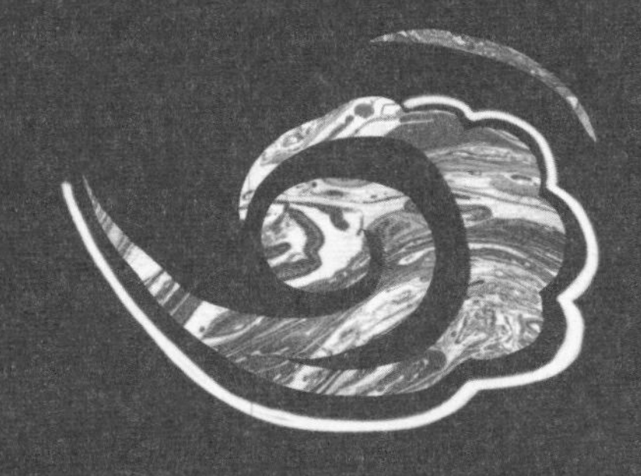

与父母一起阅读

该如何保障交通安全？

汽车、火车等交通工具让我们的生活更加便利，但是交通工具引发的交通事故也有很多。让我们来了解一下该如何预防交通事故的发生吧。

安全行走守则

1. 在没有划分机动车道和人行道的道路上，对着来车的方向行走容易躲避危险情况。

2. 汽车正面驶来时，站到路边避让可预防交通事故的发生。

3. 走进胡同前，应停下脚步，提前观察来往车辆的情况。因为如果从胡同里突然驶出汽车或自行车，有可能避让不及而发生事故。

过马路安全守则

1. 过马路一定要走人行横道。

2. 站在人行横道前，要确认左右两侧车辆是否完全停车，然后再过马路。

3. 遇到人行横道信号灯闪烁时，要等待下一个绿灯信号。绿灯闪烁时过马路，有可能因绿灯变红灯而发生事故。

4. 在没有交通信号灯和人行横道的路口，应举手示意“过马路注意避让”，待车辆停车后再过马路。

乘坐机动车安全守则

1. 乘坐机动车，首先要系好安全带。一旦发生交通事故，安全带可以防止受伤。

2. 不要把手或头探出车窗外。那样有可能撞上经过的车辆或摩托车。

3. 安静乘车，避免妨碍司机，不要在车内喧哗和嬉戏。

4. 下车时要观察后方来往车辆情况。确认没有摩托车或自行车以后，再缓慢下车。

乘坐列车安全守则

1. 在站台等待列车时，听到列车马上进站的广播后，应退到黄色警戒线一步之外。

2. 列车停稳，车门打开后，应先下后上。

3. 在列车内要轻声交谈，不要大声喧哗，以免打扰其他乘客。

一旦发生交通事故该怎么办？

交通事故总是会突然发生，有时是危及生命的大型事故，有时是可在家自行处理的小事故。如果发生交通事故该怎么办？

1 当有人被车辆剐蹭或碰撞到时，应拨打 122 报警，向交警说明事故发生的时间、地点和情况，也可拨打 110。

2 受伤严重时，应拨打 120 呼叫急救车。尤其要注意，伤到骨头的患者要躺在地上，不要移动，等待 120 救护车是最明智的办法。120 急救队员会将患者安全地送到医院。

3 在电动扶梯、汽车站、地铁进站口附近奔跑时，有可能摔倒受伤。蹭破皮肤流血时，应按照下列方法进行紧急处理：

1. 用干净的绷带或毛巾按住伤口止血。
2. 止血后清洗伤口，打开水龙头，用流水清洗伤口，以免感染。
3. 用消毒药对伤口进行消毒。
4. 在伤口处涂抹治疗伤口的药膏。
5. 在伤口处贴上创可贴。

消防报警电话 119（要要救）
报警电话号码 110
交通事故报警服务电话 122
急救电话号码 120
水上遇险紧急报警电话 12395（要岸上救我）
妇女维权公益服务热线 12338
电梯应急平台 96333

③食品安全

寻找冰箱里的坏食物

（韩）李有静／文 | （韩）张光熙／绘 | 全贞燕／译

南方出版社·海口

This book is published with the support of Publication Industry Promotion Agency of Korea(KPIPA).

版权合同登记号：图字 30-2017-173

图书在版编目（CIP）数据

写给孩子的安全童话 . 食品安全 ：寻找冰箱里的坏食物 /（韩）卢智暎等著；（韩）权敏书等绘；全贞燕译. 一海口：南方出版社，2019.1

ISBN 978-7-5501-4957-1

Ⅰ. ①写… Ⅱ. ①卢… ②权… ③全… Ⅲ. ①安全教育-儿童读物 Ⅳ. ①X956-49

中国版本图书馆CIP数据核字(2018)第236858号

写给孩子的安全童话 ③食品安全- 寻找冰箱里的坏食物

[韩] 李有静 / 文 [韩]张光熙/绘 全贞燕/译

总 策 划：天下文化
责任编辑：师建华 孙宇婷
责任校对：王田芳
版式设计：卢馨
出版发行：南方出版社
地 址：海南省海口市和平大道70号
电 话：(0898) 66160822
传 真：(0898) 66160830
经 销：全国新华书店
印 刷：北京博海升彩色印刷有限公司
开 本：889×1194 1/16
字 数：300千字
印 张：24
版 次：2019年1月第1版 2019年1月第1次印刷
书 号：ISBN 978-7-5501-4957-1
定 价：168.00元（全12册）

新浪官方微博：http://weibo.com/digitaltimes

嘀嘀咕咕
叽里咕噜

不知道为什么，昨天晚上我一直睡不着。

躺在黑漆漆的房间里，紧紧闭上眼睛，可还是睡不着。

因为无聊，用脚踢起了被子。

不知道从什么地方传来奇怪的声音。

好像是有人正在叽里咕噜念咒语似的。

我悄悄地起来去寻找声音的来源。

原来那个声音是从冰箱里传来的。

“真不喜欢这家人。像我这么美味的食物，竟然放这么久都不吃。从现在开始，我要变成坏食物。无论是谁，只要吃我，我就要让他肚子疼得直打滚！”

饮食安全守则 1——不吃存放时间较长的食物

食物存放时间过长会变质，味道也会不好。这是因为空气中的细菌让食物变坏了。存放时间越长，就越会有大量的细菌让食物变坏变质。如果吃了这些变坏的食物，有害细菌就会进入体内，让我们生病。

상추
오이
양파
팽이버섯
통닭
족발 보쌈 개시!!
포장판매 / 배달가능
오후 2시
그랑백화점 5층
커피숍

상추
오이
양파
팽이버섯
통닭
족발 보쌈 개시!!
포장전문 / 배달가능
5월 10일
오후 2시
그랑백화점 5층
커피숍

我吓了一跳，急忙打开冰箱门察看。

冰箱里的食物全都在原来的位置没有动。

“肯定是我听错了，食物怎么可能会说话呢！”

我回到房间，躺在被子里，可还是不放心。

“我要是吃了变坏的食物肚子疼该怎么办？”

“松儿，吃饭吧！”

第二天早晨，听到妈妈呼喊的声音，我从睡梦中醒来。

餐桌上放着从冰箱里拿出来的食物。

有大酱汤、烤肉、炒小银鱼、凉拌黄豆芽、煎豆腐。

“妈妈，这里面有没有存放时间很长的食物啊？”

“为了让我们松儿吃得开心，都是昨晚新做的。它们都是对身体有益的食物哦，可不要挑食啊。”

饮食安全守则 2
——不挑食，培养良好的饮食习惯

用新鲜食材做好的食物，里面含有很多对身体有益的营养元素。每一种食物里都含有不同的营养元素，所以不挑食、不偏食才会对身体好。挑食、偏食会让身体缺少需要的营养元素，这样会损害身体健康。

听了妈妈的话，我才开始小心翼翼地吃起饭来。
吃完饭之后，我玩了好长时间，幸好肚子没有疼。
不过我还是很担心会不会吃到变坏的食物。
“妈妈，我们中午出去吃饭，好吗？”

康复药店
天天面包店
想想文具店
往日炒年糕
融融冰激凌

走在外面，我才感到放松和开心。

“松儿，想吃什么？”

“妈妈，那儿！我想去那儿！”

“那不是饭店，是文具店。”

看来妈妈并不知道文具店里也有食物。

뽀빠이

“你看，这儿有很多颜色漂亮的饼干，还有抽糖果机，都很好吃。”

可是妈妈却摇了摇头，说这些不能吃。

“松儿，那些都是不健康的食物，是用对身体有害的食材做的垃圾食品。”

妈妈给我讲解了垃圾食品的坏处。

饮食安全守则3——不买不吃垃圾食品

垃圾食品是指添加了很多对身体有害的化学成分的食物。通常为了突出色泽、形状以及口感，某些人才会添加化学成分。而且垃圾食品很多都是在不达标的环境下生产的。

好好汉堡店
欢乐比萨店
咕咕炸鸡店

“那我不吃垃圾食品了，吃别的。”

左看看右看看，我想吃的实在是太多了，真的很难决定。

比萨、炸鸡、汉堡和可乐，如果再喝一杯冰爽的甜味饮料该多好啊！

但我是不会吃这些的。

我的朋友敏静说了，汉堡吃多了会长胖。
经常喝可乐，会长蛀牙。
原来不只是家里才有坏食物。
“妈妈，我们还是回家吧。我有事，想马上回家。”

饮食安全守则 4 ——少吃垃圾食品

汉堡、比萨、炸鸡、拉面、饼干、糖果、可乐这些方便食品中，有很多都是垃圾食品。垃圾食品是指营养元素含量少，但油分、糖分、化学成分很多的食物。垃圾食品吃多了，不仅会长胖，还容易长蛀牙。

好好汉堡店
欢乐比萨店
咕咕炸鸡店

“你有什么事？”一回到家，妈妈就问我。

“等等，我先去洗手，再告诉您。”

我用香皂仔仔细细地洗了双手。

守护家人健康这么重要的事情当然不能用脏手来做啦。

饮食安全守则5——把手洗干净

我们的手上有很多肉眼看不到的细菌。所以每次外出回来或吃饭前必须把手洗干净，洗掉细菌。只有把手洗干净，才可以预防细菌引发的疾病。

상추
오이
양파
팽이버섯
오후 2 시
그랑백화점 5층
커피숍

"从现在起，我要把冰箱里存放时间长的食物找出来丢掉。吃了存放时间长的食物会肚子疼的。"

妈妈和我开始仔仔细细地检查冰箱。

我们把食物拿出来闻了闻味道，看了看食物的颜色、形状有没有发生变化。

可是从外观看不出食物到底存放了多长时间。

饮食安全守则 6 ——先问大人能不能吃

在吃食物之前，最好先问大人能不能吃。因为甜味果汁瓶里有可能装着酒或药品，食物放在冰箱里也会发霉变质。

“想知道食物保质期的时候可以查看外包装上标记的日期。”

妈妈指了指牛奶盒上的日期。

妈妈说这就是保质期，它告诉我们这个食物可以吃到什么时候。

这盒牛奶的保质期还剩五天。

妈妈说这是“五天以后就不可以喝”的意思。

查看保质期，很快就能分清哪些是新鲜食物、哪些是存放时间长的食物了。

饮食安全守则 7 ——查看保质期

市面上出售的食品，外包装都印有保质期。过了保质期的食物千万不能吃，因为过期食物有可能已经变质或发霉了。

终于找到了！

看看这个蛋糕盒上的日期，保质期已经过了十天了。

这块蛋糕就是坏食物！

妈妈和我把蛋糕丢进厨房的垃圾桶里。

然后开开心心地吃了午饭。

我现在可以放心地吃冰箱里的食物了。

상추
오이
양파
팽이버섯
족발 보쌈 통닭 개시!!
오후 2시
커피숍

与父母一起阅读

对身体有害的坏食物

我们吃食物是为了从中摄取身体发育和活动所需的营养元素，然而并不是所有的食物都对身体有益。想让身体健康，我们就应多吃好食物，少吃坏食物。坏食物都有哪些呢？

存放时间长或变质的食物

食物要及时烹饪食用，避免存放时间过长。因为一旦吃了存放时间长的食物，会让身体生病。购买或食用食物的时候千万不要忘记先查看保质期。

含有咖啡因的饮料

咖啡、绿茶、可乐、巧克力、功能性饮料都含有大量咖啡因。摄入过量咖啡因会出现失眠和恶心的症状，儿童尤其严重。含有大量咖啡因的饮料，外包装都标有儿童不宜饮用的标记，饮用之前必须先确认有没有这种标记。

方便食物

拉面、饼干等方便食用的食物里都添加了很多对身体有害的食品添加剂。这种食物不仅热量高，而且营养含量少，容易让身体发胖。

高盐食物

食盐含有大量的钠。钠虽然是人体必需的营养元素，但食用过量会引发各种疾病。钠尤其对骨骼有害，高盐食物吃多了会影响身高。

烤焦的肉、加工肉

烤焦的肉里含有苯并芘这种物质。摄取大量苯并芘，会加大致癌的可能性。香肠、火腿这些用红色肉类加工的食物里含有的亚硝酸钠也是致癌的食品添加剂。

垃圾食品

很多时候我们无法辨别出垃圾食品的原材料和保质期。在卫生不达标的环境下生产的垃圾食品里，带有很多对身体有害的细菌。为了让食物的颜色更亮丽、口感更好，垃圾食品里会添加对身体有害的化学添加剂。

甜味食物

果汁、糖果这类食物里添加了很多甜味调料。甜味食物吃多了，不仅会发胖，还会产生依赖性，让你总想吃甜味食物。

油炸食物、高油肉类

爆米花、炸鸡、蛋糕这类高油食物吃多了，心脏和血管里会积累很多垃圾。而且这类食物热量高，很容易发胖。

食用坏食物会怎么样?

1. 身体发胖。
2. 诱发过敏性皮肤炎，皮肤发痒难忍。
3. 很容易患上鼻炎、哮喘、过敏、癌症等可怕的疾病。
4. 心情低落。
5. 因为容易发火或忍不住发脾气，导致说话过重或行为过激。
6. 妨碍身体正常发育。

消防报警电话 119（要要救）
报警电话号码 110
交通事故报警服务电话 122
急救电话号码 120
水上遇险紧急报警电话 12395（要岸上救我）
妇女维权公益服务热线 12338
电梯应急平台 96333

写给孩子的安全童话

④ 预防疾病

细菌大王脏脏的最爱

（韩）金政新 / 文 | （韩）崔永镇 / 绘 | 全贞燕 / 译

南方出版社 · 海口

This book is published with the support of Publication Industry Promotion Agency of Korea(KPIPA).

版权合同登记号：图字 30-2017-173

图书在版编目（CIP）数据

写给孩子的安全童话 . 预防疾病 ：细菌大王脏脏的最爱 /（韩）卢智暎等著；（韩）权敏书等绘；全贞燕译. —海口：南方出版社，2019.1

ISBN 978-7-5501-4957-1

Ⅰ. ①写… Ⅱ. ①卢… ②权… ③全… Ⅲ. ①安全教育-儿童读物 Ⅳ. ①X956-49

中国版本图书馆CIP数据核字(2018)第236859号

写给孩子的安全童话 ④ 预防疾病 -细菌大王脏脏的最爱
[韩] 金政新 / 文 [韩]崔永镇/绘 全贞燕/译

总 策 划：天下文化
责任编辑：师建华 孙宇婷
责任校对：王田芳
版式设计：卢馨
出版发行：南方出版社
地 址：海南省海口市和平大道70号
电 话：(0898)66160822
传 真：(0898)66160830
经 销：全国新华书店
印 刷：北京博海升彩色印刷有限公司
开 本：889×1194 1/16
字 数：300千字
印 张：24
版 次：2019年1月第1版 2019年1月第1次印刷
书 号：ISBN 978-7-5501-4957-1
定 价：168.00元（全12册）

新浪官方微博：http://weibo.com/digitaltimes

我是细菌大王脏脏，
能传播病毒的脏脏，
人们都看不见我。
我可不会见一个就爱一个，
那些不爱洗脸洗手的脏宝宝，
不爱吃饭、不愿意吃药的宝宝，
才是我的最爱！

山山正在挖沙子玩儿。

“沙子可真好玩儿，可以堆出很多有趣的形状。”

好痒，好痒啊，好痒啊！

山山的鼻子突然发痒。

山山皱了皱鼻子，

把食指一下子伸进了鼻孔里。

食指开始在鼻孔里晃动。

“没错！把脏手指放进鼻孔里，细菌才能进入鼻孔嘛！”

脏脏咯咯地大笑起来。

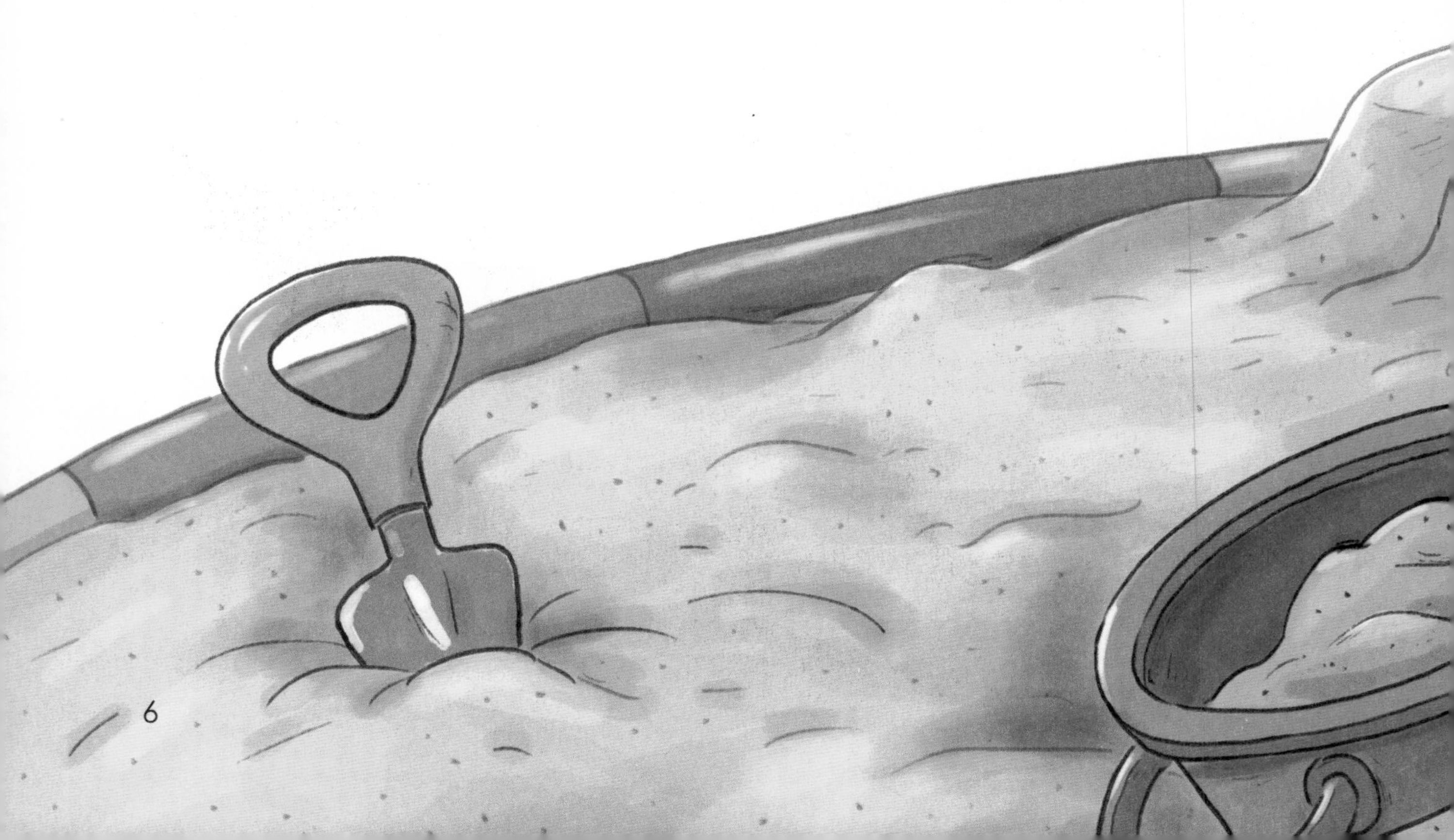

妈妈一边洗碗一边说道：

“山山，快去洗手，来吃你最爱的香蕉吧。”

山山把手在裤子上随便擦了几下。

“早就洗完了！”

“没错！不洗手吃东西才好吃！如果把手指放进嘴里舔舔那就更好了！”

脏脏紧跟着山山，寸步不离。

因为脏脏实在是太喜欢山山的脏手指了。

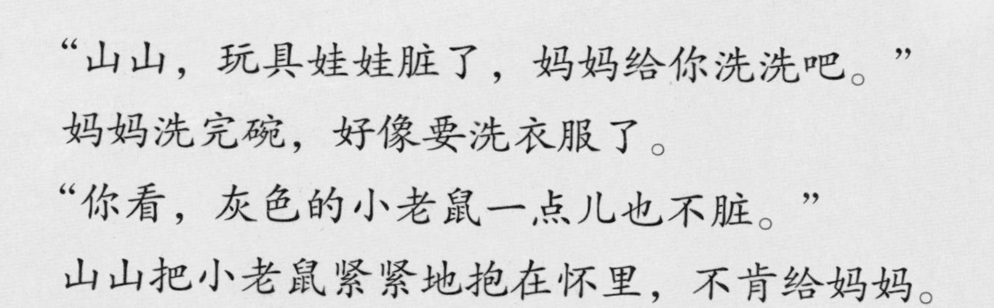

“山山，玩具娃娃脏了，妈妈给你洗洗吧。”
妈妈洗完碗，好像要洗衣服了。
“你看，灰色的小老鼠一点儿也不脏。”
山山把小老鼠紧紧地抱在怀里，不肯给妈妈。

“对，娃娃还是灰色的好，脏了也看不出来！”
脏脏伸出大拇指，摸了摸山山的头。

“山山，空气很闷吧？打开窗户透透气吧。”
妈妈打开窗户，让清新的空气进来了。
山山跟在妈妈身后，又把窗户都给关上了。
“我冷，冷，好冷啊！”

当天晚上，脏脏进入山山的体内。
“太棒了！山山的身体最适合我四处传播疾病了！”

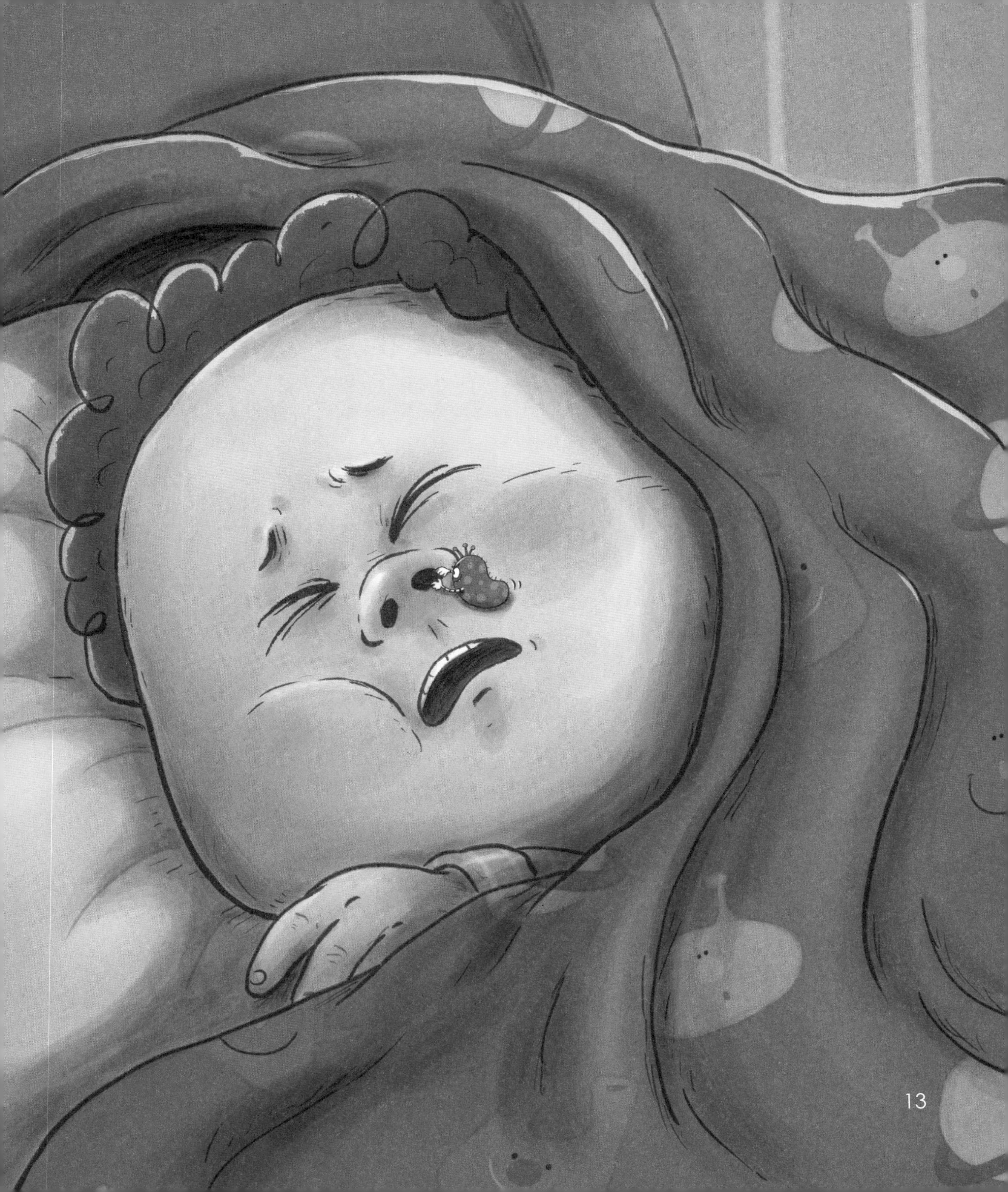

山山生病了，来到了医院。
医生查看山山的口腔。
“嗯，嗓子肿了，还有点儿发烧，你要按时吃药啊！”
山山扭过头去，装作没听见。

“山山，吃药吧。”
“我不！我讨厌吃药！而且我疼得没那么厉害！”

山山做得好！

“山山，吃饭吧！”

“不嘛，我只想吃饼干。”

“要吃蔬菜，不挑食，这样感冒才好得快啊。”

“我不，饼干更好吃。”

脏脏病毒的数量变多了，他们非常开心。

“米饭、蔬菜这些营养丰富的食物最好不要吃。越不吃它们，我们的力量才会越大。”

妈妈对医生说：“我们家山山发高烧，嗓子肿得也很厉害，而且一点儿力气都没有。”

医生感到很奇怪：“咦，真是奇怪啊！几天前还没这么严重啊。”

山山身体里的脏脏病毒数量更多了，脏脏们说：“不就是感冒吗？比这严重的病多了去了！”

医生问山山：“在外面玩完回到家里是不是没洗手啊？是不是喜欢变脏的玩具啊？是不是因为怕冷不开窗户啊？没吃给你开的药吗？不喜欢吃饭，只喜欢吃零食吧？”

“大人们让我做的事情都是我讨厌的，我喜欢的都是相反的！”山山气呼呼地回答。

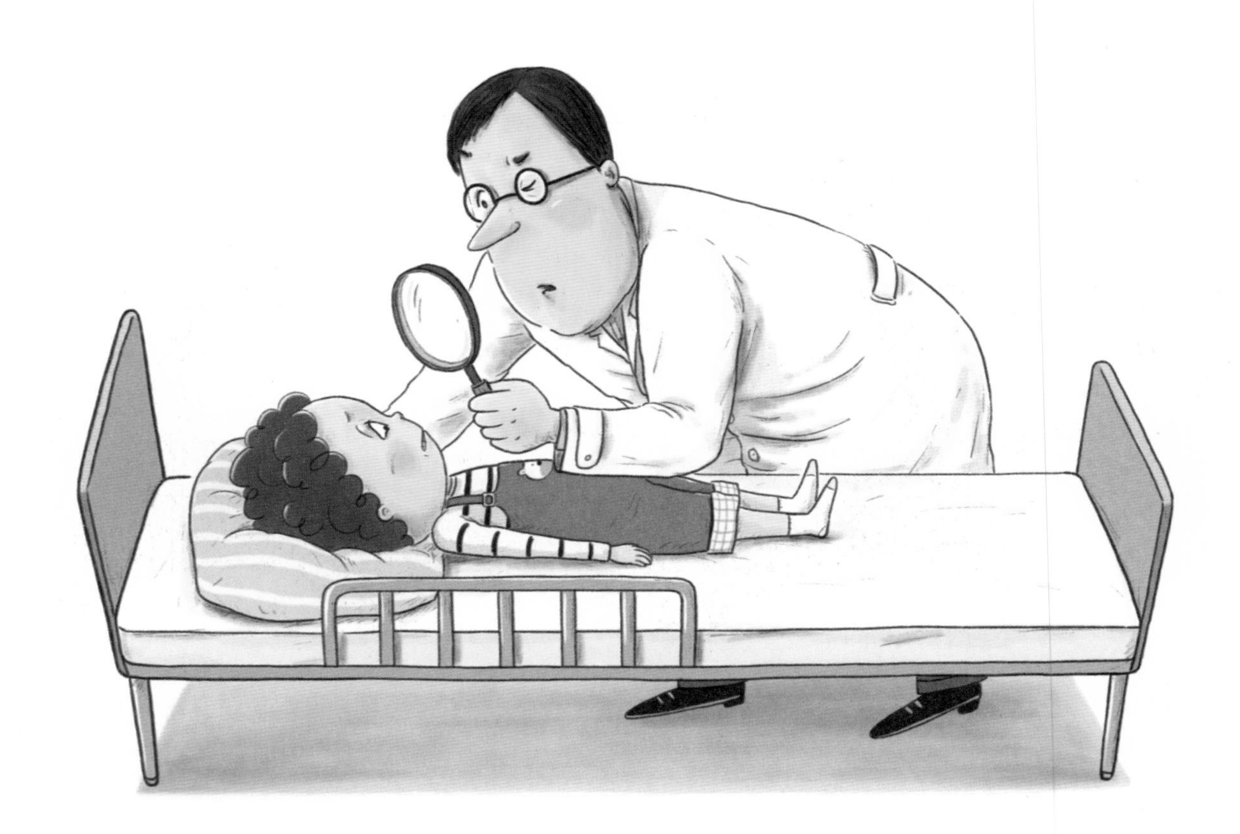

“是吗？看来山山以后得经常打针了。”

“那可……不行！”

“山山，跟爸爸一起去爬山吧，回来你的胃口就会好了。”

“真的吗？”

“当然啦！身体会棒棒的！”

“哇，太好了！那我就不用经常去打针了吧？”

“当然，当然喽！”

脏脏们大喊道：

“山山，别这样！有益细菌变多了，不让我们活了吗！”

“妈妈，开了窗户，新鲜的空气就流进来了！”

“是啊！因为怕冷，紧紧关上窗户，身体会变差的。”

“呼吸了清新空气，我是不是就变健康了？”

“没错，没错呀！”

“那以后我会好好吃饭，也会按时吃药的，小老鼠您也帮我洗干净吧。”

“玩完回到家里，我要先洗手。我不再用脏手挖鼻子了，以后要玩干净的玩具。经常开窗通风，让清新的空气流进来。还要坚持按时吃药，好好吃饭，多吃蔬菜。以后我再也不要生病了！”

看到山山的变化，妈妈对山山竖起了大拇指。

与父母一起阅读

传播疾病的细菌

引发疾病的细菌和病菌生活在我们的体内或体外，我们看不到，也摸不到。这些细菌和病菌会传播哪些疾病呢？

蛀牙

我们的口腔里有蛀牙细菌，靠残留在口腔里的糖分生活。蛀牙细菌多了，口腔就会有异味，牙齿也会变坏。每天刷牙三次以上，饭后半小时内刷牙，每次刷牙要三分钟以上。

食物中毒

过了保质期的食物和不干净的锅碗瓢盆很容易滋生细菌。吃了过期食物，容易引起食物中毒。没煮熟的肉类和海鲜也会引起食物中毒。食物中毒后，身体会出现发烧、肚子痛、腹泻等症状。

结核

引发结核的病菌通过空气传播。结核患者说话或咳嗽的时候，病菌进入空气，进而传播疾病。如果咳嗽或咳痰症状持续两个星期以上，就要去医院检查。

如何预防疾病？

勤洗手是预防疾病的第一步，外出回家或如厕后一定要洗手。

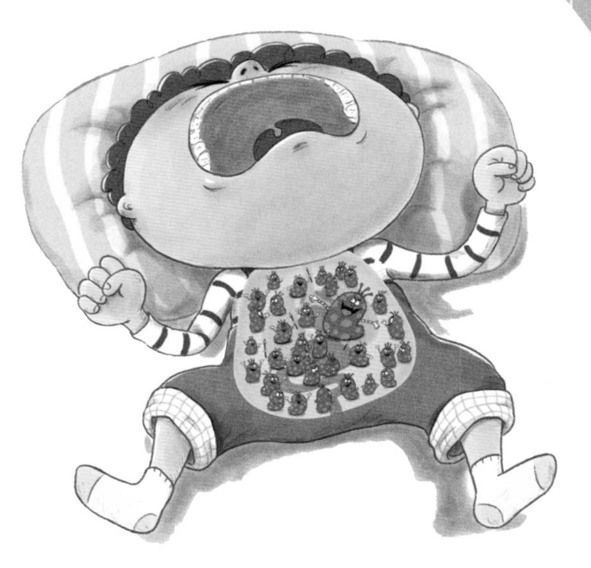

1. 冬季疾病预防方法

●常开窗通风，保持室内空气清新。

●室内取暖温度不宜过高。

●取暖时，如果室内空气干燥，需用加湿器或湿毛巾调节室内湿度。

2. 夏季疾病预防方法

●若不想感染细菌和病菌，就需要提高免疫力。

●多吃提高免疫力的食物。（熟透的香蕉提高免疫力的效果比绿色香蕉更好，最高达到 8 倍。）

●多喝水。

3. 春秋季疾病预防方法

●户外活动较多的季节里，外出回到家，先掸衣服，再把衣服洗干净。

●草地或草丛里有传播疾病的虫子和螨虫，不要躺卧或把脱下来的衣服放在草地上。

消防报警电话 119（要要救）
报警电话号码 110
交通事故报警服务电话 122
急救电话号码 120
水上遇险紧急报警电话 12395（要岸上救我）
妇女维权公益服务热线 12338
电梯应急平台 96333

写给孩子的安全童话

⑤ 户外活动

露营地的闯祸王

（韩）金秀京 / 文 | （韩）吕赞豪 / 绘 | 全贞燕 / 译

南方出版社 · 海口

This book is published with the support of Publication Industry Promotion Agency of Korea(KPIPA).

版权合同登记号：图字 30-2017-173

图书在版编目（CIP）数据

写给孩子的安全童话 . 户外活动 ：露营地的闯祸王 ／（韩）卢智暎等著；（韩）权敏书等绘；全贞燕译. —海口：南方出版社，2019.1
ISBN 978-7-5501-4957-1

Ⅰ. ①写… Ⅱ. ①卢… ②权… ③全… Ⅲ. ①安全教育－儿童读物 Ⅳ. ①X956-49

中国版本图书馆CIP数据核字(2018)第236856号

写给孩子的安全童话 ⑤ 户外活动-露营地的闯祸王
[韩] 金秀京 / 文 [韩]吕赞豪/绘 全贞燕/译

总 策 划：天下文化
责任编辑：师建华 孙宇婷
责任校对：王田芳
版式设计：卢馨
出版发行：南方出版社
地 址：海南省海口市和平大道70号
电 话：(0898)66160822
传 真：(0898)66160830
经 销：全国新华书店
印 刷：北京博海升彩色印刷有限公司
开 本：889×1194 1/16
字 数：300千字
印 张：24
版 次：2019年1月第1版 2019年1月第1次印刷
书 号：ISBN 978-7-5501-4957-1
定 价：168.00元（全12册）

新浪官方微博：http://weibo.com/digitaltimes

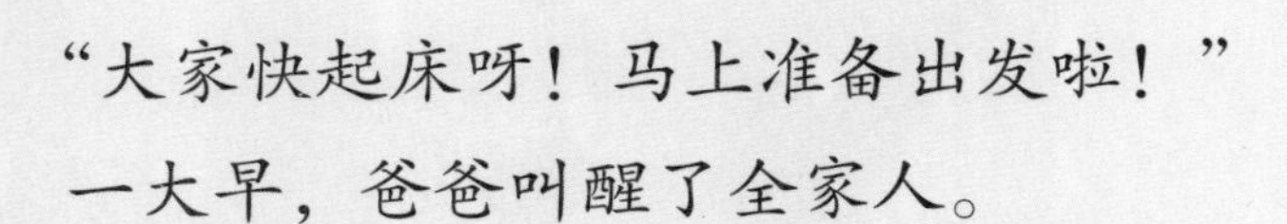

“大家快起床呀！马上准备出发啦！”

一大早，爸爸叫醒了全家人。

好不容易睁开了眼睛，走到客厅一看，只见爸爸已经开始准备露营的装备了。

帐篷、户外餐桌、火炉、手电筒、锅……

都是爸爸一点一点准备的。

爸爸说他的梦想就是全家人一起去露营。

餐桌
炭

“好耶！去露营啦！”

弟弟东玄蹦蹦跳跳地大喊道。

“秀玄，东玄，到了露营地，爸爸给你们做好吃的烤肉。”

爸爸看起来比弟弟还开心。

妈妈忙着打点物品，因为妈妈知道粗心大意的爸爸会漏掉点什么。

我喜欢待在家里，但是像今天这么好的天气，去露营应该也不错。

我们终于来到了树林露营地。

这里的空气就是不一样，特别清新、透亮。

现在要把行李从停车场搬到露营地了。

大家都忙着搬行李，东玄却一溜烟儿跑了过去。

“快过来啊，姐姐！”

弟弟不好好走路，跑到路堤上，摇摇晃晃地倒着走。

他老是这样。

“东玄，小心点！小心后面，别掉下去！”

弟弟吓了一大跳，停下脚步，回头看去。

只见路旁的大型蓄水槽里蓄满了水。

“哎呀！差一点！”

“东玄，千万要小心啊！在户外，安全第一。看到那个电塔了吧？”

妈妈虽然处处小心地照看着东玄，
但是东玄非常活泼好动，
总是跑跑跳跳的。

“这儿应该不错吧？后面还有块巨石。”

爸爸正要搭帐篷，妈妈急忙拉住爸爸的手。

“这儿不行，太靠近巨石了，会有危险的。万一从巨石上面掉下来什么东西，会砸到帐篷的。”

“啊，原来如此！知道了，那儿怎么样呢？”

“嗯，那里挺好的。”

爸爸一边搬东西，一边与弟弟交换眼色。

他们这是觉得妈妈太啰唆了。

爸爸和妈妈正忙着搭帐篷，没一会儿，就听到弟弟的尖叫声。

“哎哟！妈妈，我被扎到了！”

原来弟弟捡树枝打闹的时候被小刺扎了手指。

“过来，妈妈给你拔出来。”

妈妈拿出急救药箱，给弟弟处理手指。

我看着他们，学妈妈的语气说道：

“没告诉过你在户外安全第一吗？”

刚拔掉小刺，东玄又蹦蹦跳跳地跑进林子里去了。
这个“闯祸大王”，这样实在是不行。
让我这个姐姐来场安全教育吧。
“东玄，慢点儿走，看清楚脚下！小心荆棘！小心毒草！”
弟弟不管不顾地在草丛里胡乱地走来走去。
“小心有蛇，草丛里可是有很多蛇的！”
我在他身后大喊道。

东玄突然不见了，原来是蹲在草丛里了。

“东玄，别坐在草地上，万一有害虫怎么办？”

东玄拿起一个东西，大喊道：“姐姐！看！这是天牛吧？”

“也许是毒虫呢，别随便摸！”

“哎呀！这是什么味儿？”

原来那是蝽象。

东玄甩手扔掉蝽象，又远远地跑开了。

“快停下！别进树林深处了！也许那儿会有熊出没呢。”

我赶上东玄，东玄叹了一口气。

“哎呀，别再啰唆了！”

这时我们突然听到“嗡嗡”的声音。

“啊！是蜜蜂！”

我急忙躲开，挥舞着手臂赶走蜜蜂。

“蜜蜂为什么只追我？”

“哈哈哈！谁叫你啰唆，是不是姐姐碰了蜂巢？”

“姐姐，小心脚下！小心有蛇！哈哈哈——”

东玄嘲笑我，我飞快地跑向露营地。

“爸爸！有蜜蜂！”

爸爸跑过来，挥舞着夹克赶跑了蜜蜂。

“看来蜜蜂把我们女儿当成花朵了。”

“秀玄，你是不是抹了化妆品？蜜蜂会跟着甜味走的，在户外还要小心香味啊。”妈妈说道。

不一会儿，帐篷就搭好了。

妈妈在四周查看有没有玻璃碎片或尖锐的石头。

“哎哟！”

东玄开心地围着帐篷跑，不小心被帐篷的绳子绊倒了。

“啧啧——晚上看不清楚，更要小心啦。”

爸爸拿出夜光胶带，缠在帐篷的绳子上。

太阳落山了，有点凉。

“来，我要在火炉上烧火了，你们可别靠近火啊。露营的时候尤其要小心火。”

爸爸烧火开始准备烤肉了。

“哇——烤肉！”

东玄又高高兴兴地跳了起来。

“哇哦，好香啊！”

烤肉的香味扑鼻而来。

闻着香味，我们感到肚子特别饿。

全家人围坐在露营餐桌边上。

在户外吃烤肉实在是太好了。

“闯祸大王”弟弟这时候也老实了。

虽然在户外要小心很多事情，但是能闻草香、看星星，我们特别开心。

与父母一起阅读

在户外安全第一

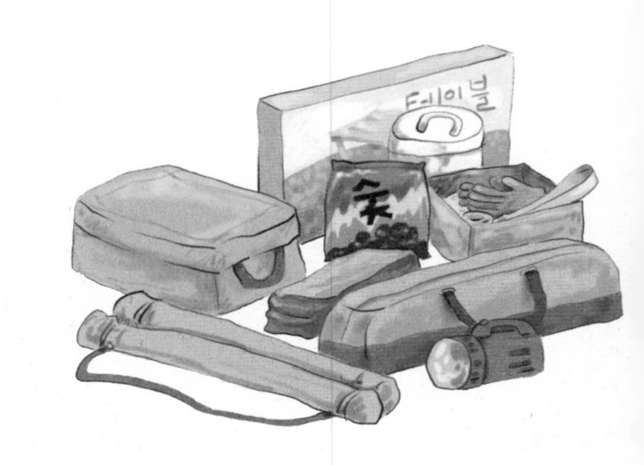

露营、森林学校、现场实习等户外活动总是让人心情激动，但是千万要注意安全。因为我们很有可能面临各种不熟悉的危险。

设施安全

出门要注意各类设施安全，比如路面上的井盖是否被打开、附近有没有松垮的电线或煤气罐。也不能爬上或倚靠在地铁通风口。路过工地时，要格外注意安全。不要紧靠堆放钢筋等建材的地方行走或爬上去。不要靠近乡村地区的蓄水槽或铁塔等配电设施。也不要乱碰堆放的木材，以免木材滚落。

户外安全

在土路或树林中行走时，要避开水洼或湿落叶等湿滑的地方，也要注意避免被折断的树枝或尖石头刺伤。不要踩踏松动的石头，还要留意山坡上有没有石头滚下来。在海边赤脚行走时，要小心避开碎玻璃或铁片。走在树林时，要小心避开草丛，以免被划伤。还要小心带刺的植物。要注意避开有毒的昆虫。不要随便摸蚜虫、白蚁等昆虫，还要小心蜜蜂，以免被蜇到。小心被蛇咬，也不要随便摸小鸟或其他小动物。草丛里也许有病菌或虫子，不要随意坐下或躺下。

防蜂安全守则

预防

• 不要使用刺激蜜蜂的香水、化妆品、发胶，不要穿着亮色服装。

• 先观察周围有没有蜂巢。

• 遇到蜂群，趴在地上，降低高度。

• 不小心碰到蜂巢，蜜蜂乱飞时，要小心地挥动手或手绢，避免刺激蜜蜂。

急救处理

• 拔出蜂刺。

• 利用冰敷止痛消肿，涂抹软膏后，要注意休息。

• 不同的体质，有可能因为过敏反应而出现晕厥现象。这时要让被蜇的人平躺，使其呼吸顺畅，再拨打 120 急救电话。

防蛇安全守则

预防

• 出门进行户外活动时，最好穿着长衣长裤。

• 穿厚运动鞋或登山鞋，利用长棍拨开草丛，观察有没有蛇。

急救处理

• 使被蛇咬伤的人平躺，不要进行移动，使其情绪稳定。

• 被咬部位浮肿时，在伤口上方 5~10 厘米处用绳子、皮筋、手绢等物品扎紧，避免蛇毒扩散。

• 距离医院较远时，划开被咬处，用嘴吸出蛇毒，吸蛇毒时嘴上不能有伤口。

户外急救药品

急救箱里要备有弹性绷带、三角巾、夹板、医用胶带、酒精棉、棉签、剪子、镊子、虫咬软膏、过氧化氢、生理盐水等。

消防报警电话 119（要要救）
报警电话号码 110
交通事故报警服务电话 122
急救电话号码 120
水上遇险紧急报警电话 12395（要岸上救我）
妇女维权公益服务热线 12338
电梯应急平台 96333

南方出版社 · 海口

嘟哩是做什么事情的时候掉下来的？找出正确的图片，并画○。

跟妈妈打招呼的时候

爬书柜的时候

跟呜哩吵架的时候

接受姐姐惩罚的时候

呜哩和嘟哩的行为很危险，该对他们说什么呢？

请你找出正确的游玩安全图片，并在○内画√，同时说说其他图片不正确的理由。

骑着自行车过马路。

玩游乐设施要紧握扶手。

千万不能走到荡秋千的人后面。

爬到家具或桌子上蹦蹦跳跳。

在游乐场乘坐游乐设施，去哪里玩呢？用不同颜色的彩笔沿图中虚线描画。请你把它找出来吧。

滑滑梯要握紧扶手，一步一步爬上去。不要站着滑或倒着滑。

千万不能走到荡秋千的人后面。荡秋千的时候两手握紧秋千绳，秋千没有完全停稳，不能跳下来。两个人一起荡秋千很危险。

了解游乐设施安全注意事项。

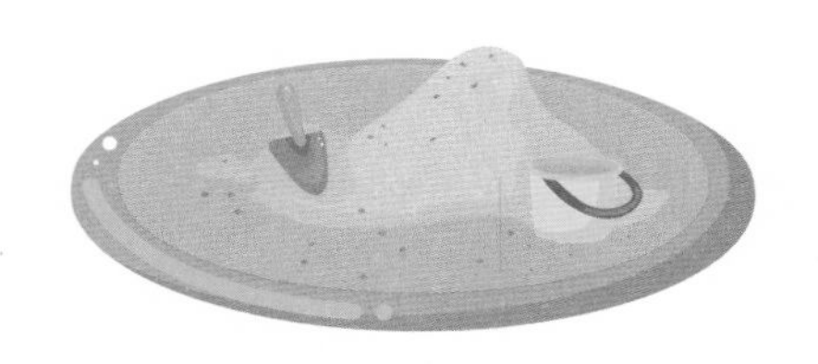

玩沙子的时候不能对朋友扬沙子。玩完以后必须洗手。

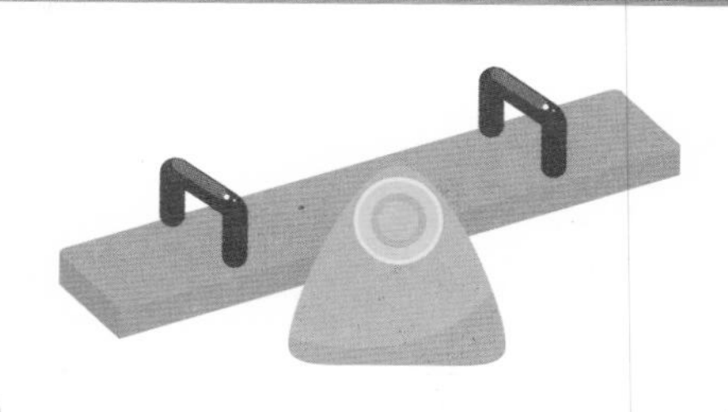

玩跷跷板时要紧紧抓住扶手，注意脚下，避免被跷跷板压住。下来的时候先通知对面的小朋友再下来。

在呜哩和嘟哩玩滑板车必备的 2 种物品上画○。

 懒懒要过马路，找出下图中正确的图片，并在○内画√。

在人行横道过马路。

绿灯亮，看清楚再过马路。

说一说懒懒在乘坐地铁的过程中哪些行为不正确。

下面是有关交通安全的图片，请你在正确的图片上画√，不正确的图片画 ×。

乘车时必须系好安全带。

没有交通信号灯的地方，随便过马路。

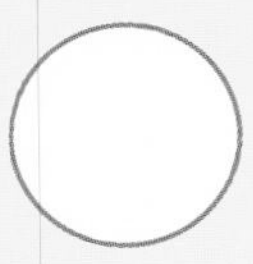

交通信号灯绿灯亮，可以马上跑着过马路。

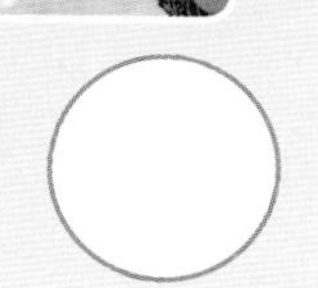

举着手过马路。

按照过马路安全守则的顺序，在图片卡上写出编号，再讲给懒懒听。

过马路时

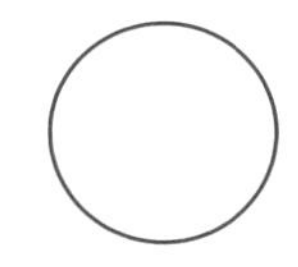

看

先看左侧，再看右侧，然后再看左侧。

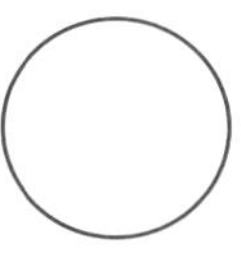

举手

冲驾驶员举起手。

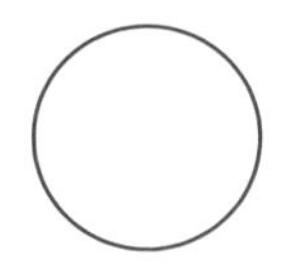

站

先停下脚步。

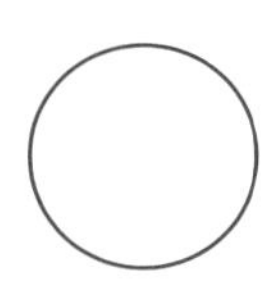

过马路

举着手，眼睛继续注视着车辆，安全地过马路。

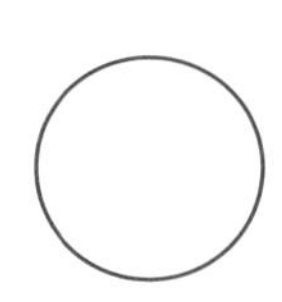

确认

再次确认车辆是否完全停稳。

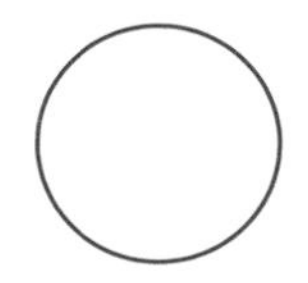

举手

冲驾驶员举起手。

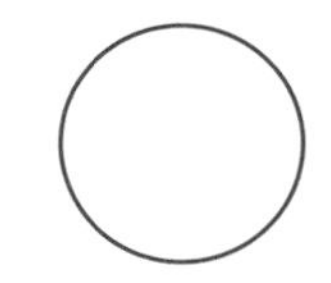

看

先看左侧，再看右侧，然后再看左侧。

过马路时

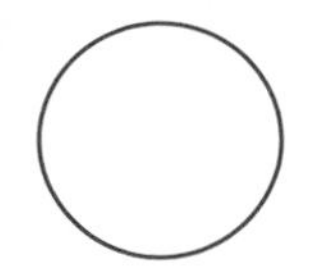

确认

再次确认车辆是否完全停稳。

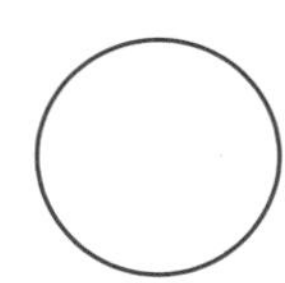

过马路

举着手，眼睛继续注视着车辆，安全地过马路。

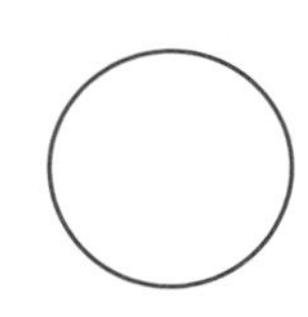

站

先停下脚步。

仔细观察下列图片，并指出哪些行为是错误的。

乘坐幼儿园班车时，可以站起来随便玩。

可以在车后面玩耍，或跑到车道上捡球。

乘坐地铁要站在黄色安全线以内 。

把手或头伸出车窗外。

找出松儿为食品安全做的所有事情，并画○。

吃了想吃的比萨、炸鸡、汉堡。

跟妈妈一起把冰箱里放置时间长的食物扔掉了。

在文具店买花花绿绿的糖果吃了。

回家吃了美味的午餐。

下列哪些食物不是妈妈早上做的，找出来并画 ×。

下列哪些食物是松儿确认保质期后扔掉的食物？全都找出来，并画○。

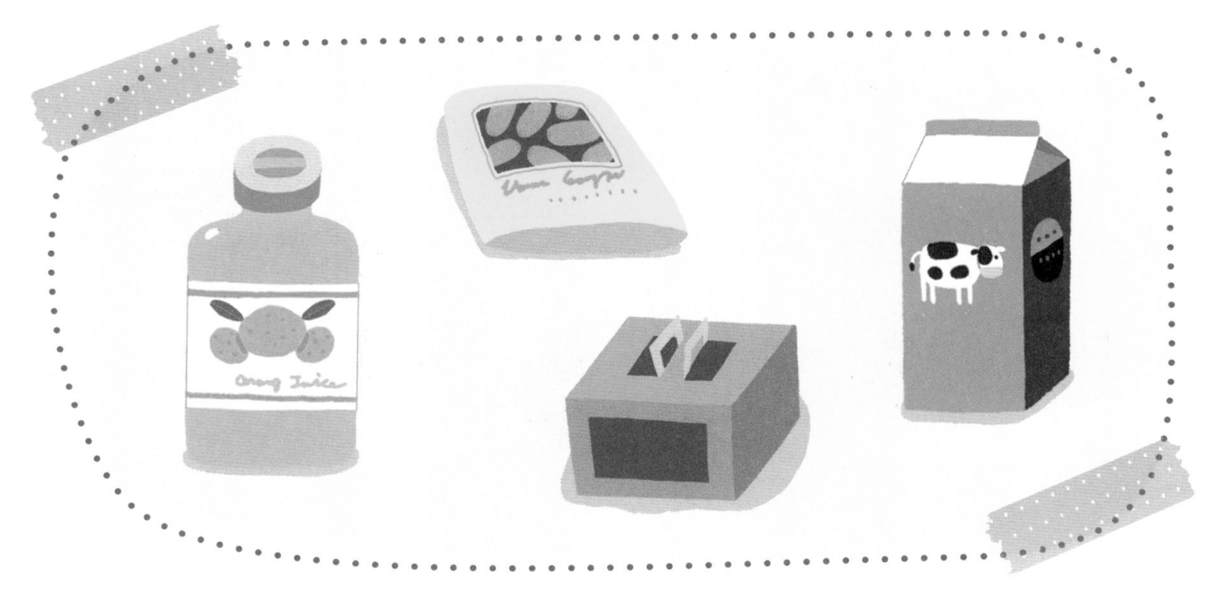

请你把吃了以后会长蛀牙的食物全都找出来，并画○。

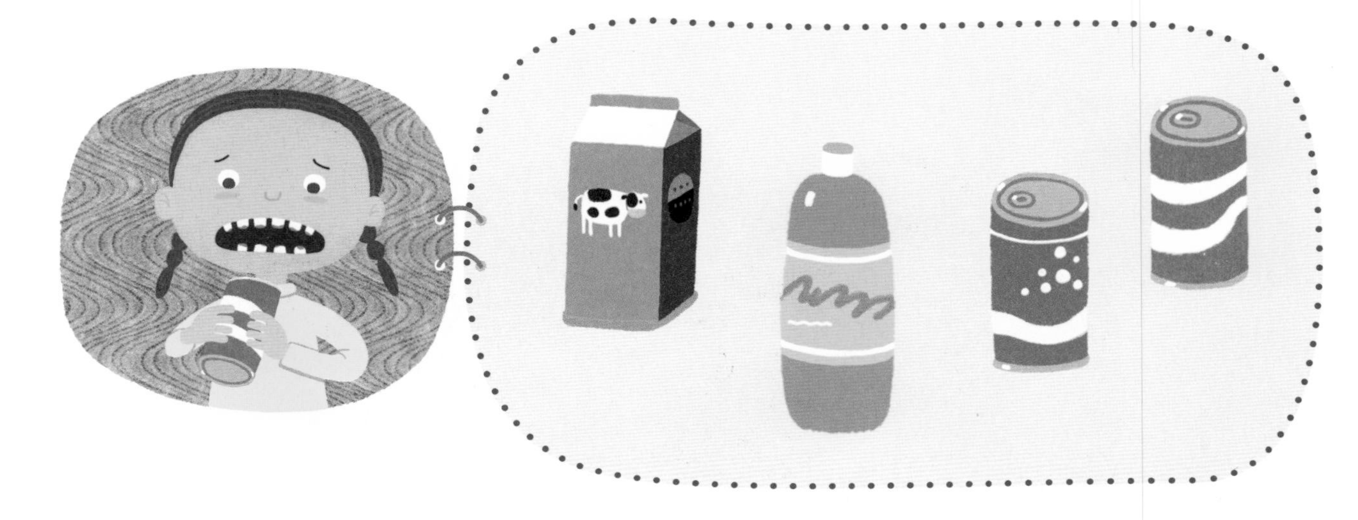

请你把吃了以后会长胖的食物全都找出来，并画 ×。

仔细观察图卡，找出有益于身体的蔬菜和水果，再用彩笔画出有趣的脸部形象。

活动乐趣多

多吃水果和蔬菜，让我们的身体健康，不生病。

请你用有益于健康的食物准备一桌饭菜。你还需要哪些食物，用线连起来。再说说你想为谁准备这一桌饭。

 请你找出细菌大王脏脏讨厌的小朋友，并画√。

山山患上感冒，体内的脏脏病毒变得更多了。这些多出来的脏脏让山山多吃哪些食物？找出脏脏喜欢的食物，并画 ×。

山山从医院回来以后发生了哪些变化，把对应的图片用线连起来，再说一说。

当你生病时，或健康时，体内的有害细菌和有益细菌哪一种数量更多？请你在适当的地方用笔画出来。

回忆一下细菌大王喜欢什么。

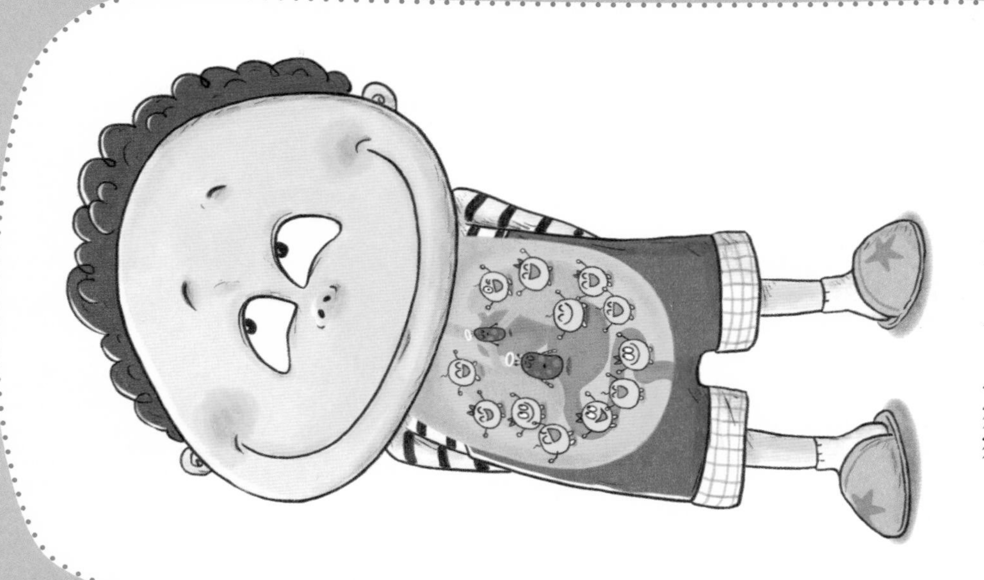

说说自己为了身体健康，下了哪些决心。

画鬼步，了解我们身体的健康情况。

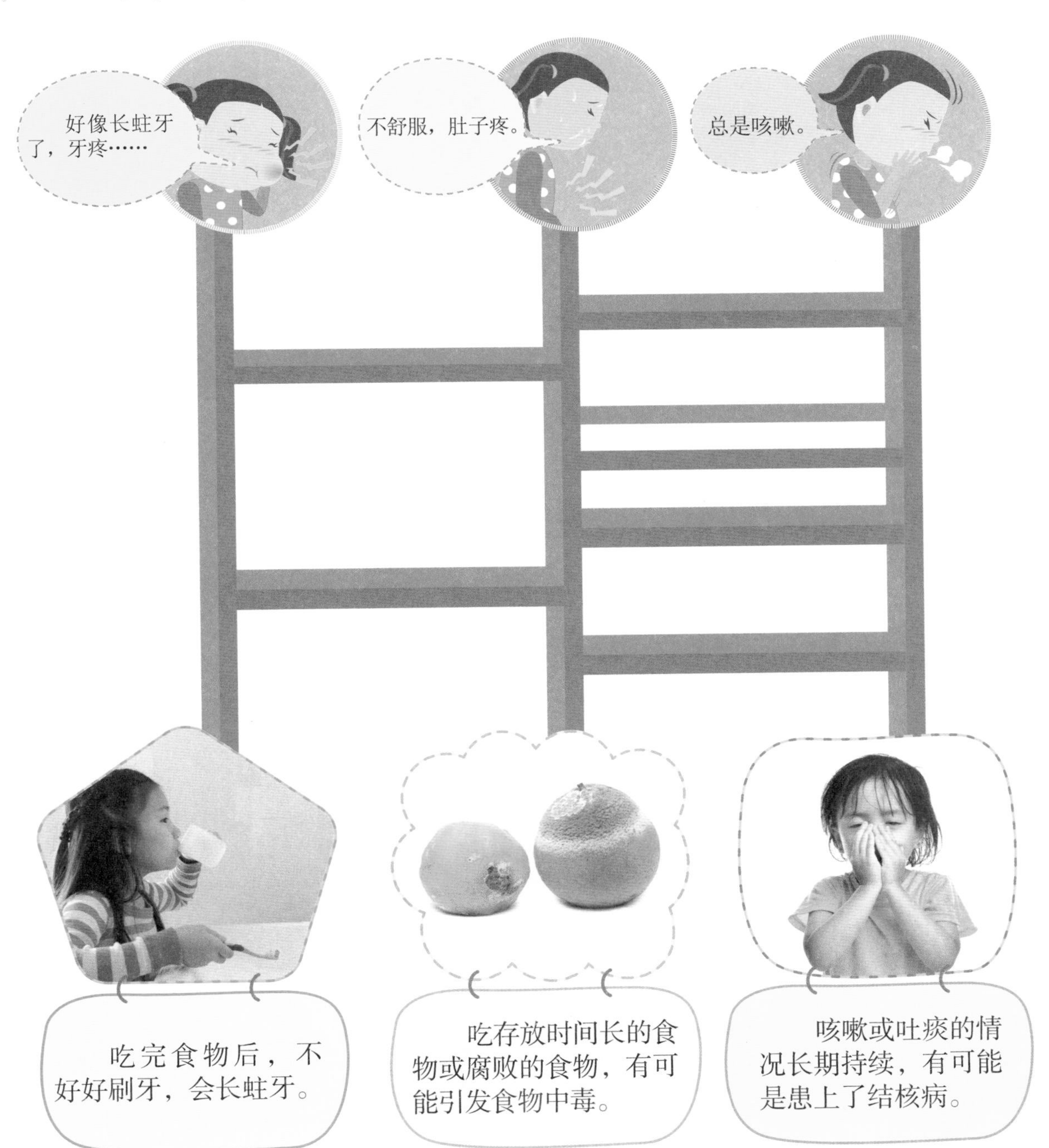

秀玄一家人是去哪里露营？

秀玄在树林里为了躲开什么而逃跑？

 在下面的图片中找出危险的行为，并画 ×，再说说危险的理由。

 爸爸打算在巨石下方搭帐篷，妈妈会说些什么？

 弟弟捡树枝打闹的时候，被小刺扎了手指，妈妈会说些什么？

在树林里活动，要小心很多事情。请你一边涂颜色，一边思考应该小心哪些事情。

出门进行户外活动时，最好穿长衣长裤。

蜜蜂喜欢甜味。不要使用刺激蜜蜂的香水、化妆品。如果不小心触碰蜂巢，马上跳进水里。

不要踩踏松动的石头，还要小心山坡上有没有石头滚下来。

草地上有可能有野老鼠的排泄物、有害蚜虫，因此不能随便坐到草地上。

不要随便摸昆虫或小鸟。要注意避开有毒的昆虫。不能随便吃颜色漂亮的蘑菇或草类。

遇到野猪这类动物时，背对着逃跑更危险。注意，不要与其四目相对，用雨伞等物品遮住身体。

观察图片，说说在户外都需要注意哪些事项。

使用刺鼻的香水或化妆品，蜜蜂等昆虫会追上来。

给图片涂上漂亮的颜色。

欢乐比萨店
好好汉堡店
想想文具店
天天面包店
罗马意大利面
融融冰激凌